頂級蛋糕甜點裝飾技法集

　　說到西洋甜點的魅力，首先吸引人的就是視覺上的誘惑，尤其是法國甜點，表面的裝飾承擔了重要的任務，雖然甜點裝飾被要求要以藝術的手法，創造出令人屏息的美感，但是單純談甜點裝飾的專門書卻不太常見。

　　本書裡將道具與機械緊密結合發展的現代法國甜點裝飾，除了不斷技術革新之外，同時兼顧流行進步，是一本針對甜點裝飾詳細介紹各種基礎細節的「入門書」。

　　甜點裝飾不單只是「裝飾」而已，在講求味道與裝飾密不可分的現代，視覺可說是傳達甜點美味的「情報工具」。

　　甜點裝飾對我們甜點師傅來說，可說是充滿無限樂趣的空間，有時候需要以一顆玩耍的心來創造裝飾藝術，是將自己的想像力和創作理念付諸實現的重要過程。

　　甜點裝飾可以豐富作者的心情，融合店裡的氣氛，將顧客和創作者的心連結起來，為了將其中的魅力和詳細的作法傳承給年青一代的甜點師傅們，在此特別將所有細節整理收錄集結成書。

　　書中所介紹的都是普遍適用於一般的甜食及杯型甜點，雖然小型，實用性卻高。為了避免侷限於「這種甜點要用這種裝飾」的窠臼中，特別省略了甜點的作法。

　　各位讀者可以參考書中所述，加上個人獨特的個性，更進一步地創造出具有個人風格的嶄新裝飾，為美味的甜點增添繽紛的色彩吧！

CHAPITRE 1

Décor Chocolat
巧克力裝飾技法

流動般的巧克力羽毛裝飾·············4
兩端不相連的圓弧形·················6
小波浪圖樣的網狀巧克力··············8
不可思議的「洞洞」波浪形曲線·········10
可愛逗趣的巧克力帽子裝飾···········10
呈現透明感的巧克力羽毛裝飾·········12
豪華質感的天使之翼···············14
高貴華麗的弧形曲線···············16
色彩微妙變化的弧形曲線···········18
可可豆碎粒增添變化···············18
活潑的波浪形巧克力···············20
略微鬆散的花瓣·················22
雄蕊與雌蕊相互映襯···············22
萌芽的童稚之心·················24
重疊兩片可愛的童稚之心···········24
浪形板做出的波浪形巧克力·········24
生動的紅色條紋巧克力盒···········26

市售的巧克力球噴上金箔···········26
以刀尖壓出花瓣模樣···············26
迷人滑稽的小青蛙···············28
手作的葉片模型塗上一層厚厚的巧克力···28
利用浮雕模型做出青蛙腿···········28
火焰形巧克力·················30
以竹籤自由自在拉出隨性的線條·······30
印壓出花瓣和紅葉···············32
立體底紙做出的木紋巧克力·········32
側面貼上環形圖案···············32
越細越能表現出美感的三色網狀巧克力···34
兩片轉印巧克力重疊···············34
浪漫風情的皇冠造型巧克力·········36
薄片硬幣巧克力·················36
色彩繽紛的葉片形巧克力···········38
呈現自然彎曲的樹枝狀巧克力·······38
立刻成形的細麵狀巧克力···········40
閃亮金色中點綴上一筆紅色·········40

基本功夫中的巧克力捲···········42
大圈花束巧克力················44
飄揚般的皺褶巧克力···············46
纖細的螺旋狀巧克力···············46
小型圓錐狀巧克力···············48
大型圓錐狀巧克力···············50
可愛的巧克力花束···············50
條紋狀的扇形巧克力···············52
蘆筍穗的巧克力················54
簡單的波浪巧克力···············54
陰影層次之美的扇形巧克力·········54
圓形的皺褶巧克力···············56
生動顯眼的緞帶形巧克力···········58
浮雕模型搭配轉印底紙巧克力·······58
粉紅色康乃馨·················60
銀色‧紅色緞帶················60
魔法般的大理石紋巧克力···········62
轉印巧克力··················62

CHAPITRE 2

Sucre D'Art
糖塑細工

四種技法集於一身的蒙特卡羅天鵝········65
豪華絢麗的吹糖球···············68
玫瑰花的作法可說是基本中的基本·······70
純白色的海藻糖·················72
透明氣泡糖搭配焦糖色金絲的前衛風格···74
三種機能性甜味料組合出摩登時尚的造型···76
焦糖做成的杯狀容器···············86
吹糖球和氣泡糖·················88
夢幻般的荊棘狀糖板···············90

Nougat et Praline
牛軋糖和果仁糖

果仁糖的意外組合···············76
自由應用的果膠牛軋糖···········84
現代風的古典牛軋糖···············86
雙色果仁糖··················86
粗糙不平的牛軋糖···············88

Décor Croustillant
烤餅裝飾

扇形薄餅··················78
羽毛般的圓形捲餅···············80
酥脆奶油薄餅·················82
氣泡巧克力網狀餅···············82
圓錐型捲餅··················92

Masse pain
杏仁膏細工

生動的玫瑰花·················90
康乃馨····················92
限定版聖誕老人···············94

本書的主要原則

- OPP底紙可先配合鐵盤的尺寸，切割成40×60cm備用，依照用途可再切割使用，至於經常使用的尺寸，可特別訂購切割，擺放整齊以便於使用。
- 各表格中的「道具」一欄，重點在於記載作業效率、易於使用的尺寸、形狀以及必備的道具。
- 烘烤器具可以是對流式烤箱或平底鍋皆可。

為了讓裝飾更美、
更有效率所需的
器具、材料之徹底研究············97

甜點師傅　柳正司·················96

CHAPITRE 1

Décor Chocolat

發揮巧克力特性製作而成

巧克力裝飾技法

　　巧克力系列當然不在話下，其他不論是水果系列、堅果系列、起司系列…所有形式的生鮮甜點、烘烤甜點、塔派甜點等也都可以靈活運用，並可大大提高視覺效果的就是巧克力溶化後做成的「巧克力裝飾」。

　　因為巧克力可塑性高，溶解後可以任意改變成你所想要的形狀，以黑、乳、白為基底的顏色，可以自由地發揮色彩的變化，並散發出高質感的光澤度。到目前為止，能夠將巧克力特質發揮至最大極限的「裝飾巧克力」，仍是法國甜點中不可缺少的部分。

　　本書所介紹的裝飾技巧中，包含應用技巧在內共有62種，其中以調和巧克力做成的裝飾就佔了一大半，這種從90年代初期就開始採用的裝飾方法，能在現代感中呈現出鮮明俐落的造型是其最主要的特色。還能呈現出完美的結果，在進行各種程序之前，請確實地從最基本的調和巧克力開始做起吧！

　　這次也介紹以未調和的巧克力做成的裝飾，以及古典式的巧克力裝飾，要讓大家欣賞那優雅的美感。

　　被稱為「食之寶石」的巧克力，味道當然也不可忽略，請選擇使用美味的巧克力吧！因為外表的裝飾而吃下第一口的人不在少數，因此第一印象非常重要。

首先先了解巧克力調和的方法吧！

1　先將巧克力加熱溶化至 a 的溫度。
2　攪拌冷卻至 b 的溫度。
3　邊攪拌邊再次加溫至 c 的溫度。

注意
※調和後，可以用卡片等刮下少量測試。
※因為巧克力廠牌不同，溫度也會有所差異，請參考表格中所標示的溫度。

種類	a. 溶解溫度	b. 冷卻溫度	c. 使用溫度
巧克力	50～55度	27～28度	31～32度
牛奶巧克力	40～45度	26～27度	28～30度
白巧克力	40～45度	25～26度	28～29度

巧克力對溫度的敏感度

　　進行巧克力裝飾製作的最佳溫度是室溫20度左右。夏天在室內要保持室溫20度左右，並非容易的事，因此，本書所標示的室溫約為20～25度，擁有小幅度的彈性。

　　但是，未調和的巧克力對溫度特別敏感，請於室溫20～22度的場所進行作業，因此夏天並不建議進行巧克力裝飾。

　　以切割模型取下巧克力時，需要特別注意溫度的變化，模具若置於室溫20度左右，略嫌過冷。製作中空的盒狀巧克力時，會呈現厚重感，當模型倒反過來，多餘的巧克力倒回盆裡時，會因為過冷而變硬，不利於進行各項作業，因此模型的溫度以室溫25～28度最恰當。

　　若模型內先以空氣刷噴上色素，再倒入巧克力時，請於室溫（20～25度）下進行。完成後的裝飾巧克力保存於18～20度最為理想，夏天置於空調25度的房間內也不會有任何問題。

往 兩 側 拉 出 曲 線
流 動 般 的 巧 克 力 羽 毛 裝 飾

自中心往左右兩邊交互畫出S曲線。不同於以往橡膠製的紋路刷，現代矽膠製的紋路刷不易沾黏巧克力，因此同一處不管刷幾下，都能夠呈現出優美的形狀，不只能刷出如照片上的大小，若將2、3支紋路刷折疊合併使用，也能呈現出不同的感覺。巧克力在變硬的過程中會因為收縮而產生自然的彎曲現象，看起來特別有裝飾的效果，可將其放置於點甜上方，或描畫在OPP底紙後再倒入慕斯形成圖案，鋪在以盤子盛裝的甜點下層也非常漂亮，是屬於容易隨意使用的巧克力裝飾。

❖道具	紋路刷（齒梳長度6cm）	OPP底紙
❖材料	黑巧克力	
❖調和	需要	
❖保存方法	連同OPP底紙一起置於保鮮盒或是放入密封的容器內蓋上蓋子，置於室溫保存。	
❖保存期間	18～20度約可保存1個月，夏天空調25度的室內約2週。	

準備

參考Ｐ4，確認室溫溫度。
請依照下列指示，將OPP底紙鋪於作業台上，在此縱向鋪上30×20cm的長方形（將60×40cm對裁成2等分）。

1 紋路刷的前端先沾取巧克力，若巧克力太過稀薄而從紋路刷上流下時，可以稍微降溫使其更為濃稠。

2 紋路刷的前端對準底紙的中央位置。

3 往右側畫出圓山頭的形狀，開始先往工作台上方揮出，中途再拉往下方。

4 和**3**相同的要領往左邊揮出山谷的形狀，置於室溫變硬後，從底紙上撕下即可。

OPP底紙的固定方法

　　想要完美地完成巧克力裝飾的第一步，就是要先學會將OPP底紙固定在作業台上。如果沒有完全密合固定的話，做出來的巧克力裝飾會產生皺褶，也有可能會因為底紙滑動而迫使作業中斷。

　　先在台面上以噴霧器噴出酒精後，再將底紙密合貼上是最適合的方法，但是要特別仔細將多餘的酒精擦拭乾淨，千萬不可與巧克力混在一起，至於不太能夠擦拭酒精的作業，可以在底紙的四個角抹上溶化後的巧克力來固定，其中也有不需固定就能做出的裝飾巧克力。冰冷的不鏽鋼工作台會影響巧克力的溫度，在此推薦較適合使用的樹脂製板。

先在板子上以噴霧器噴出細霧狀的酒精，覆蓋上OPP底紙，再以卡片等將空氣刮出，使底紙緊貼台面。

將多餘的酒精以廚房紙巾擦拭乾淨，不要忽略了少許從底紙邊緣滲出的酒精，作業結束後，連同底紙一起放置於耐高溫烘焙底墊上，使其完全乾燥，如果底紙內側仍殘留酒精時就重疊的話，底下的裝飾巧克力可能會混沾到酒精，必須要特別小心。

拉出直線
成為兩端　相連的
　　　圓弧形

將直線拉成圓弧形，可說是基礎工夫中的基
礎，拉出許多優美鮮明的線條是主要原則，我
是從80年代初開始使用紋路刷，紋路刷和拉圓
弧的方法可以改變甜點的整體感覺，簡單卻可
以變換出許多微妙的變化。本章使用小型的筒
狀模型來拉出弧形，如果以擀麵棍來捲的話，
會捲出更漂亮的弧度，呈現出完全不同的感
覺，以前曾經流行過極小的圓弧形，但現在比
較流行大圓弧，若一根根分開來裝飾，可以呈
現出極度纖細的感覺。

紋路刷描繪

彎曲

❖道具	紋路刷 （齒梳長度6cm）	三角形抹刀 （邊長20cm）
	自製厚紙筒型	OPP底紙
❖材料	黑巧克力	
❖調和	需要	
❖保存方法	連同OPP底紙一起置於保鮮盒或是放入密封 的容器內蓋上蓋子，置於室溫保存。	
❖保存期間	18～20度約可保存1個月，夏天空調25度 的室內約2週。	

參考P4「巧克力對溫度的敏感度」，確認室溫溫度。
參考P5將OPP底紙固定在工作台上，先取30×20cm的長方形（可以60×40cm對半裁切），再裁成30×10cm兩等分，直向鋪放。

準備

1

紋路刷的前端先沾取溶化的巧克力（若巧克力太過稀薄而從紋路刷上流下時，可以稍微降溫使其更為濃稠），從底紙的左邊往右邊，開始時先在紙上滑一下，再直直地往右邊揮去。

2

連同底紙一起移至自製的筒狀模型上形成弧形狀，並置於室溫下變硬後撕下。

Variation
變化形

將兩端連起的
線圈形

準備 參考P5將OPP底紙固定在工作台上，先取30×20cm的長方形後（可將60×40cm對半裁切），再裁成15×20cm兩等分，橫向鋪放。

3

當巧克力乾燥至以抹刀輕壓後會殘留痕跡的程度時，即可將底紙的兩端捏起，將各直線條的兩端密合地連結成弧形，若使用較厚的的底紙，要趁其未變硬之前快速壓成圓弧形。

1

將需要的巧克力分量倒在底紙上，並先畫出比紋路刷寬度略短的粗線。

2

以三角紋路刷細齒的部分對著巧克力粗線，雙手平均施力，慢慢地往身邊劃下。

4

距底紙邊緣1cm的位置，以尺用力壓住，密合後在室溫下變硬，底紙撕下後，再拆散成一個個的線圈弧形。

準備　參考P4「巧克力對溫度的敏感度」，確認室溫溫度。

參考P5將OPP底紙固定在工作台上，在此使用略高於小型甜點約5mm的長帶狀蛋糕透明膠紙，橫鋪在台上，巧克力以30～32度溶化即可。

❖道具	L型抹刀（小）	平板紋路刷（齒梳長度34cm）
	紋路刷（齒梳長度6cm）	OPP底紙
❖材料	黑巧克力	
❖調和	不需要	
❖保存方法	連同OPP底紙一起置於密封度高的冷凍庫保存（請參照P19）。	
❖保存期間	約2週左右	

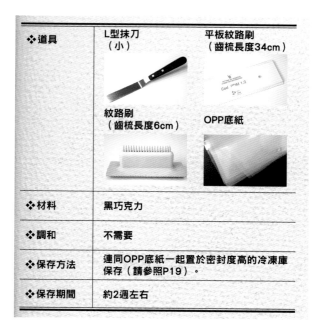

1　採個別分開做的方式，先將巧克力倒在底紙的左側，以抹刀將巧克力全面抹薄至略微溢出底紙的程度。

2　將紋路刷的細齒部分對準左端，向右邊優美地畫出連續的波浪圖案。

以紋路刷刷出U字型是最主要的特徵，以往包覆在甜點側面的巧克力，大多是黑巧克力上再重疊一層緞帶狀的白巧克力，如此一來不但顯得過於厚重，上部也因為直線而使整體看起來彷彿沒有骨架，這裡所使用的方式，不但透明可以看見下層慕斯，也可以呈現出纖細而時髦的現代感。巧克力不需經過調和，只要將巧克力的流動性控制在30～32度左右的溫度帶進行即可，包覆冷凍慕斯時，巧克力會瞬間凝固，若溫度過高的話，巧克力線條會黏在一起，作業時要特別注意。置於OPP底紙上一起冷凍，藉著急速冷凍，可以散發出如調和巧克力般同樣的光澤。

3　雙手捏住底紙的兩端，將底紙從台上撕下，從兩側將冷凍小型甜點整個包覆捲住。

Variation
變 化 形

小 型 甜 點
就 使 用 小 型 紋 路 刷

配合小型甜點的高度使用紋路刷。

4　迅速地包覆後，以手指輕壓底紙內側使其密合，再將多餘的底紙剪掉，放置於冷藏庫解凍後將底紙撕下即可。

小波浪圖樣的網狀巧克力
緊密地包覆著美味的慕斯

圓模具切下的巧克力片
表面印上轉印底紙
成為可愛逗趣的巧克力帽子裝飾

直線和曲線
組合成不可思議的「洞洞」
波浪形曲線

先拉出直線，接著轉成90度，再畫出波浪狀，則可作出空洞狀曲線巧克力。一條曲線中同時擁有粗和細的部分，形成非常有趣的形狀。如果第二根是粗直線的話，則是被稱為「巧克力樓梯」的梯型巧克力。巧克力太過柔軟會造成空洞黏合在一起，因此維持適當程度的黏稠度是很重要的事。帽子裝飾的部分不管是圓形或是方形，薄的程度是勝負的關鍵，越薄看起來越有時髦感，而且如果太厚的話容易過重倒塌。

紋路刷描繪

模具切割

轉印

❖道具	三角紋路刷（齒梳長度20cm）OPP底紙
❖材料	黑巧克力
❖調和	需要
❖保存方法	連同OPP底紙一起置於保鮮盒或者是放入密封的容器內蓋上蓋子，置於室溫保存。
❖保存期間	18～20度約可保存1個月，夏天空調25度以下的室內約2週。

準備 參考P4「巧克力對溫度的敏感度」，確認室溫溫度。
參考P5將OPP底紙固定在工作台上，在此使用30×20cm的長方形（可以60×40cm對半裁切成兩等分）。

3

將底紙連同工作台回轉90度，再使用紋路刷粗尺的部分將巧克力往身邊拉下並描繪出大波浪。

4

以紋路刷粗尺和細齒相互組合出的格子狀，中間會形成空洞狀，室溫下變硬後撕下底紙即可。

1

將需要的巧克力分量倒在底紙上並先畫出比紋路刷寬度略微短的粗線。

2

以三角紋路刷細齒的部分對著巧克力粗線，雙手平均施力，慢慢地往身邊拉下。

準備 參考P4「巧克力對溫度的敏感度」，確認室溫溫度。
參考P5將OPP底紙固定在工作台上，在此使用30×20cm的長方形（可以60×40cm對半裁切成兩等分）。

1

先將巧克力倒在底紙中央處，以抹刀全面抹薄至巧克力略微溢出底紙的程度。

2

底紙移開將溢出的巧克力擦拭乾淨，乾燥至抹刀輕壓巧克力會殘留痕跡的硬度時，就可以模具取下巧克力片，模具壓下切割時輕輕轉動模具會比較容易取出，置於室溫下直至以手輕觸也不感覺柔軟的硬度時，以壓克力等物壓住使其完全變硬後，再撕下底紙。

❖道具	L型抹刀（中） 直徑47mm（5號）的模具 OPP底紙
❖材料	黑巧克力
❖調和	需要
❖保存方法	連同OPP底紙一起置於保鮮盒或者是放入密封的容器內蓋上蓋子，置於室溫保存。
❖保存期間	18～20度約可保存1個月，夏天空調25度以下的室內約2週。

組合 以刀尖將圓形巧克力的光澤面中心處開個切口，將轉印巧克力的一角插入即可。

＊參照P34同樣的作法，考慮文字方向來切割是重點。

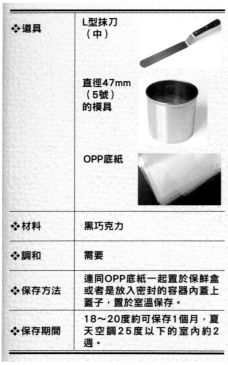

❖道具	L型抹刀（中） 吉他線切割器 OPP底紙
❖材料	黑巧克力 轉印底紙
❖調和	需要
❖保存方法	連同OPP底紙一起置於保鮮盒或者是放入密封的容器內蓋上蓋子，置於室溫保存。
❖保存期間	18～20度約可保存1個月，夏天空調25度以下的室內約2週。

將前端延伸出曲線
呈現透明感的巧克力羽毛裝飾

以手指來描繪裝飾用的巧克力屬於簡單的技術,其主要優點是能夠快速大量製作,提高生產量,並能輕易做出薄和厚都美如隕石般的球形。除了具有分量感之外,擺放於展示櫃時,薄的部分會散發出透明的光輝,對於增添甜點的華麗感,具有相當好的效果。照片裡雖是徒手進行,但實際上作業時都會戴上工作手套。基本形狀為圓形及羽毛形,撕下底紙時,若室溫溫度太高的話,薄的部分容易損壞,要特別注意。不管以哪一面作為正面,都可以變換出不同的風貌,但是擺放於展示櫃時,光澤面冒汗出水的現象會比較明顯,因此以具有立體感的側面呈現或許會比較適合。

準備 參考P4「巧克力對溫度的敏感度」,確認室溫溫度。
參考P5配合需要的尺寸將OPP底紙固定在工作台上。

1 依照P37製作小型的圓錐狀擠袋,裝入巧克力後,擠出直徑約1cm大小的圓形。

2 由上而下輕畫出第一條弧線後,再以指尖畫出第二道弧線成為羽毛狀,置於室溫下變硬後撕下。

❖道具	黑色擠袋	手指
	OPP底紙	
❖材料	黑巧克力	
❖調和	需要	
❖保存方法	連同OPP底紙一起置於保鮮盒或者是放入密封的容器內,蓋上蓋子,置於室溫保存。	
❖保存期間	18～20度約可保存1個月,夏天空調25度以下的室內約2週。	

*V*ariation 變化形

由中心向外畫圓圈

準備 參考P4「巧克力對溫度的敏感度」,確認室溫溫度。
參考P5配合需要的尺寸將OPP底紙固定在工作台上。

1 以上述相同的手法做出圓錐形擠袋擠出巧克力,再以指尖由中心向外畫出漸大的橢圓形漩渦狀。

2 也可以隨意畫出其他的圖形,增添變化,待於室溫下變硬後,再撕下底紙。

以白巧克力作為裝飾，可以使甜點整體看來具有柔和的印象，尤其是如天使羽毛般的白巧克力特別能營造出令人憐愛的優雅效果，如果手比較大的人，以小指頭來描繪可能比較恰當吧！因為白巧克力較薄的部分容易破損，室溫太高的話，可等到稍微冷卻後再從OPP底紙上撕下，另外，尖端部分太薄的話，放在展示櫃裡會隨著時間經過變得軟塌，要特別注意。變化形裡介紹的淚滴狀巧克力是以棒子壓成櫻花花瓣的外形，非常美麗。

準備 參考P4「巧克力對溫度的敏感度」，確認室溫溫度。
參考P5配合需要的尺寸將OPP底紙固定在工作台上。

1 依照P37製作小型的圓錐狀擠袋，裝入巧克力後，在底紙上並排擠出3個直徑約6～7mm大小的圓形巧克力。

2 從最上方的巧克力點開始以指尖往右上方畫一條弧形成羽毛狀，置於室溫變硬後再撕下。

❖道具	白色擠袋	手指
	杏仁膏棒	OPP底紙
❖材料	白巧克力	
❖調和	需要	
❖保存方法	連同OPP底紙一起置於保鮮盒或者是放入密封的容器內蓋上蓋子，置於室溫保存。	
❖保存期間	18～20度約可保存1個月，夏天空調25度以下的室內約1週。	

Variation 變化形

以道具壓出淚滴形

準備 參考P5配合需要的尺寸將OPP底紙固定在工作台上。

1 依照P37製作小型的圓錐狀擠袋，裝入巧克力後，在紙上取出間隔距離擠出淚滴狀巧克力。

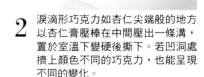

2 淚滴形巧克力如杏仁尖端般的地方以杏仁膏壓棒在中間壓出一條溝，置於室溫下變硬後撕下。若凹洞處擠上顏色不同的巧克力，也能呈現不同的變化。

由三點集中畫向一點
呈現豪華質感的
天使之翼

極纖細的茶色線條與金色重疊後
呈現高貴華麗的弧形曲線

著色

彎曲

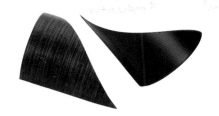

剛開始先以茶色色素推揉出細細的線條，在OPP底紙上以海棉塗抹開來。道具不一定要製菓專用，除了清洗餐具用的海綿之外，牙刷或毛刷也可以，尋找自己想用的描繪工具也是製菓樂趣之一。變硬之後重疊上閃閃亮亮的金色粉，將巧克力抹薄後切割，固定成圓弧形，以半圓筒固定成圓形也可以，但若將巧克力捲在圓筒上更能突顯出漂亮的曲線。也可不捲曲直接切割，或單純以模具取下，可運用於各種不同的變化。

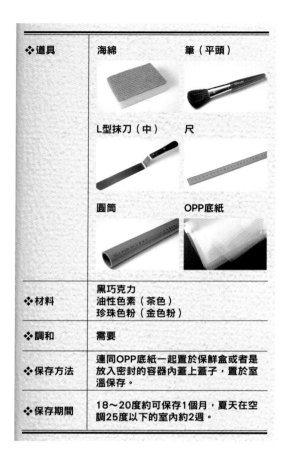

❖道具	海綿	筆（平頭）
	L型抹刀（中）	尺
	圓筒	OPP底紙
❖材料	黑巧克力 油性色素（茶色） 珍珠色粉（金色粉）	
❖調和	需要	
❖保存方法	連同OPP底紙一起置於保鮮盒或者是放入密封的容器內蓋上蓋子，置於室溫保存。	
❖保存期間	18～20度約可保存1個月，夏天在空調25度以下的室內約2週。	

準備

參考P4「巧克力對溫度的敏感度」，確認室溫溫度。
參考P5將OPP底紙固定在工作台上，在此橫鋪上寬6cm的帶狀蛋糕透明紙。色素以30～35度溶解。

3 將巧克力平均倒於其上3處，以抹刀大約抹三次，使其略微溢出底紙均勻地抹成薄片狀，連同底紙撕下後，將殘留於台上的巧克力清除乾淨。

1 將色素滴落在底紙的一端，以海棉較硬的一面，縱向全面均勻地擦開。

2 以平頭筆全面地塗上珍珠粉，完成後勿殘留多餘的粉末，撕下底紙後將周圍清理乾淨。

4 當變硬至以抹刀輕壓，會殘留刀痕時，約距離5cm處切割，接著以刀子對角斜切成兩片三角形。

5 將事先捲好的筒子貼著巧克力的面，用尺使其密合並將巧克力捲成弧形，尺拿掉後兩端以橡皮筋或膠帶固定，於室溫下變硬後撕下底紙即可。

以巧克力專用色素，著上最新穎的顏色。

近年來，能夠用於巧克力著色的色素種類，範圍更加廣泛，進口品的種類也不斷增加，珍珠色系、青銅色系、金色系、銀色系等前所未有的顏色，都可以視需要自由運用。豪華的藍色、紫色、綠色等不曾用於食物上的顏色，現在也都流行用於巧克力裝飾，詳細的相關資料請參閱本書最後的材料解說。

在此我所使用的是美國製的珍珠粉末，一塗上就能散發出閃閃亮亮的透明珍珠色，呈現出微妙地色調變化。我想今後使用新鮮的巧克力材料以及挑戰新穎的顏色著色，會成為待開發的專業領域，所以，請各位也抱著成為藝術家的心情，不斷嘗試新的挑戰。

使用橙色和金色
呈現出色彩微妙變化的
弧形曲線

以捏碎成斑點狀的可可豆碎粒
添加口感及色彩的變化

❖ 道具	L型抹刀（中）	OPP底紙
❖ 材料	白巧克力 可可豆碎粒	
❖ 調和	需要	
❖ 保存方法	連同OPP底紙一起置於保鮮盒或者是放入密封的容器內蓋上蓋子，置於室溫保存。	
❖ 保存期間	18～20度約可保存2週，夏天空調25度以下的室內約1週。	

準備　參考P4「巧克力對溫度的敏感度」，確認室溫溫度。
參考P5將OPP底紙固定在工作台上，在此使用30×20cm
的長方形（可以60×40cm對半裁切成兩等分）縱向鋪上。

1

將所需的巧克力分量倒在底紙的一端，以抹刀大約抹三～四次，略微溢出底紙並均勻地抹成薄片狀，若底紙面積過大的話，容易造成中央部分過厚的現象，請特別注意。

2

底紙自工作台撕下後，將殘留的巧克力清除，再全面灑上可可豆碎粒，置於室溫下變硬後撕下底紙，以手折裂成適當的形狀即可。

著色

彎曲

以手折開

將OPP底紙塗上橙色色素後，以海棉推抹出細微的斑點狀，雖然和IP16的弧形巧克力作業程序相同，但因為「動」的方式不同，給人的感覺也完全不同。只要以手或刷子以劃「7」的方式一點一點地挪動，即可呈現出有趣的圖案，顏色和圖案都可以自由運用，可以試試各種時尚的圖案。沾黏了可可豆碎粒的白巧克力，只要抹成薄片、變硬後折開即可完成，非常簡單，黑、白的色彩對比鮮明，微甜和略苦的組合，吃起來非常美味，很受大家歡迎，在此建議也可用脫水莓乾取代可可豆碎粒。

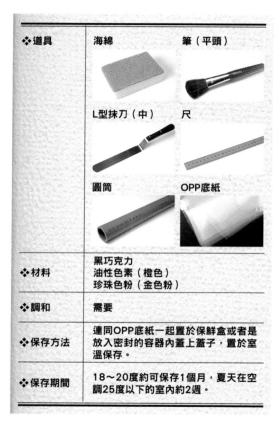

❖道具	海綿	筆（平頭）
	L型抹刀（中）	尺
	圓筒	OPP底紙
❖材料	黑巧克力 油性色素（橙色） 珍珠色粉（金色粉）	
❖調和	需要	
❖保存方法	連同OPP底紙一起置於保鮮盒或者是放入密封的容器內蓋上蓋子，置於室溫保存。	
❖保存期間	18～20度約可保存1個月，夏天在空調25度以下的室內約2週。	

4

當變硬至以抹刀輕壓，會殘留刀痕時，以3cm的間隔切成3等分、5cm間隔切成2等分。

5

將事先捲好底紙的圓筒貼著巧克力，用尺使其密合並將巧克力捲成弧形，尺拿掉後兩端以橡皮筋或膠帶固定，於室溫下變硬後撕下底紙即可。

準備　參考P4「巧克力對溫度的敏感度」，確認室溫溫度。參考P5將OPP底紙固定在工作台上，在此橫向鋪上寬度6cm的帶狀透明紙。色素以30～35度溶解。

1

在OPP底紙的一端滴上色素後，以海棉柔軟的一面全面推開挪勻至色素略微乾燥為止。

2

以平頭筆全面地塗上珍珠粉，完成後務必將多餘的粉末去除，撕下底紙後將周圍清理乾淨。

3

將巧克力平均倒於其上3處，以抹刀大約抹個三次左右，均勻地抹成薄片使其略微溢出底紙，連同底紙撕下，並將殘留於台上的巧克力清除乾淨。

以密閉狀態冷凍保存

對於保存甜點不可缺少的冷凍庫來說，其真正的重要性應該視甜點師傅們到底擁有多高的管理意識而決定，和裝飾技術不同，雖然是在結果上看不出差異的基本工作，但為了維持甜點在美味上的穩定度，卻是絕對不可忽略的程序。

特別要注意的是冷凍中的甜點要防止吸收其他多餘的臭味，我所採用的方式是將甜點整個以帶狀的長形OPP底紙圍繞包裹住，並排在40×60cm的專用鐵盤上，上方覆蓋著和鐵盤大小相同的OPP底紙，最後再以特製的壓克力蓋子整個緊密地封蓋住，其中乳製品的慕斯及白巧克力特別容易吸收臭味，所以有必要考慮將保存期限縮短。

將甜點表面切薄集後試吃看看，若味道與甜點中心部分的味道有差異的話，就表示冷凍工作仍有改善的空間。

利用浪形板做出生動
活潑的波浪形巧克力

彎曲

利用建築用的浪形板做出大膽且纖細的波浪形巧克力，因為外型非常搶眼，只要將高度提高，即使只裝飾一片，也能成為具有豐富質感的裝飾。訣竅是使用薄的OPP底紙，太厚的OPP底紙彈性太強，無法與浪形板緊密貼合，也就無法做出漂亮的波浪形巧克力。

準備

參考P4「巧克力對溫度的敏感度」，確認室溫溫度。
參考P5將OPP底紙固定在工作台上，在此橫向鋪上寬度2cm的帶狀透明紙。

❖道具	L型抹刀（小）	浪形板	OPP底紙
❖材料	黑巧克力		
❖調和	需要		
❖保存方法	連同OPP底紙一起置於保鮮盒或者是放入密封的容器內蓋上蓋子，置於室溫保存。		
❖保存期間	18～20度約可保存1個月，夏天在空調25度以下的室內約2週。		

1 製作一片的分量，沿著底紙倒下必要的巧克力分量。

2 以抹刀大約抹個2～3次，使其略微溢出底紙均勻地抹成薄片狀。

3 連同底紙從台上撕下。

4 將底紙輕輕地沿著浪形板的弧度貼合，於室溫下變硬後撕下底紙即可。

習慣接觸巧克力，
隨心所欲地調和看看吧！

　對於巧克力最重要的基本調和技術來說，應該以各自熟練的方法進行，除了製作刻意不調和的巧克力之外，其熟練度、理解度可說是大大地左右了裝飾用巧克力的光澤度。

　無論如何，經常接觸巧克力，習慣其性質是非常重要的一件事，不同的溫度與溼度都會使調和狀態產生微妙的變化。要將不穩定的巧克力塑型是非常困難的事，但只要實際徹底去調和，若能自由調配其性質的話，就能更廣泛運用於製作裝飾巧克力。

　我所使用的標準型黑巧克力是含可可成分55%的「REKORUTA」（WEISS株式會社）和可可成分56%的「KARAKU」（VALRHONA株式會社）為主，也有配合甜點而使用可可成分70%的巧克力，因為甜點的外表裝飾迷人而吃下第一口的人不在少數，所以要選擇美味且易入口的巧克力較佳。

　牛奶巧克力及白巧克力容易因為溫度而產生敏感的變化，完成後的裝飾巧克力易柔軟而崩壞。特別要注意的是，作為裝飾用巧克力時需要調和，使其具有適當的流動性，若鬆鬆散散的狀態則無法使用。

　流動性太過強的話，以紋路刷描繪或以擠袋擠出巧克力時無法成形，此時只要花一點功夫讓溫度下降，使其略微濃稠即可。

　反之，如果過於濃稠的話，可以用吹風機加溫，諸如此類狀況可能隨時都會發生，要能夠臨機應變處理，就需要靠平日累積的豐富經驗。

❖道具	L型抹刀（中）	半筒狀模型
	圓筒	黑色擠袋
	OPP底紙	
❖材料	黑巧克力	
❖調和	需要	
❖保存方法	連同OPP底紙一起置於保鮮盒或者是放入密封的容器內蓋上蓋子，置於室溫保存。	
❖保存期間	18～20度約可保存1個月，夏天在空調25度以下的室內約2週。	

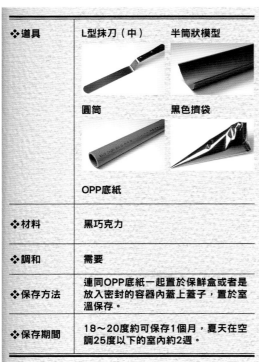

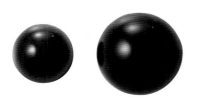

❖道具	直徑30mm和50mm的半球狀模型	空氣刷
	筆（細頭）	
❖材料	黑巧克力 油性色素（紅） 珍珠粉（金色）	
❖調和	需要	
❖保存方法	連同OPP底紙一起置於保鮮盒或者是放入密封的容器內蓋上蓋子，置於室溫保存。	
❖保存期間	18～20度約可保存1個月，夏天在空調25度以下的室內約2週。	

3

巧克力連同底紙一起放置於半筒狀模型上，上面覆蓋大小相同的底紙後，再以圓筒加壓成弧形後待其變硬。

4

自半筒狀模型取出後倒反過來，慢慢地撕下底紙後，將巧克力一根根扳開。

5

擠袋裡裝入調和巧克力，擠少量於弧形巧克力正中間作為黏著用，5根等距重疊錯開擺放，再調整成花朵造型即可。

 準備 參考P4「巧克力對溫度的敏感度」，確認室溫溫度。

3

大型模型裡整個噴滿較濃的顏色，不需塗珍珠粉，依照P29的方式倒入巧克力待其變硬，自模型取下時，將巧克力邊緣接觸吹風機加熱過的鐵盤，使其微溶化後，將兩個大型半球狀體黏合起來成為整個圓球狀，小型半球體巧克力也同樣將邊緣略微溶化，和大粒圓球重疊黏合即可。

 組合 在巧克力花瓣中央處擠上調和巧克力，與球型巧克力黏合即可完成。

準備 參考P4「巧克力對溫度的敏感度」，確認室溫溫度。參考P5將OPP底紙固定在工作台上，橫向鋪上9.5×30cm帶狀底紙。

1

將所需的巧克力分量倒在底紙上，向右邊以抹刀大約抹2～3次，使其略微溢出底紙均勻地成薄片狀。

2

連同底紙撕下後，將台上殘留的巧克力清除，當巧克力變硬至以抹刀輕壓，表面會殘留刀痕時，間隔8mm以刀斜切。

1

色素以30～35度溶解後，在小模型的正中央處以空氣刷噴出較濃的顏色，周圍則整個噴上薄薄的一層淡顏色。

2

色素乾了後，再以筆仔細地塗上珍珠粉，多餘的粉末只要將模型倒反過來拍一拍即可落下。

將著色後的大、小
巧克力球上下重疊
彷彿花朵的雄蕊
與雌蕊相互映襯

弧度角度變大後
成為略微鬆散的花瓣

將巧克力擀壓成細長狀的長方形後斜切，以半筒狀模型彎曲成長條的弧形，一根長條弧形巧克力可以作為2片花瓣，組合成花朵狀。花芯是以兩個半圓型的球體上下重疊而成的前衛派風格。底下大顆的巧克力以空氣刷噴出紅色色素，上面小顆的巧克力中心點噴上紅色，大小兩顆巧克力球上下重疊，形成微妙的色差。這種球形的花朵裝飾感覺非常有分量，即使是直徑30cm的大型甜點，裝飾一朵也就足夠了。兩側的三角形巧克力，以刀子輕壓即可成形。

側面和P31相同，以刀尖輕壓即可。

以紅色和茶色小圓點圖案
組合成萌芽的童稚之心

適用於情人節的心形甜點，由兩個顏色的心形和波浪形巧克力組合而成，適合裝飾簡單的小形甜點。若以模型塑形時，首先要特別注意的是模型不可過冷，因為18℃以下的巧克力無法散發光澤，因此適合巧克力作業進行的溫度為室溫25～28度。其次要以脫脂棉將模型擦拭乾淨，若以硬物擦拭的話容易產生擦痕，請特別小心，如此才能做出漂亮而具有光澤的巧克力。轉印用的巧克力，配合用途來擀壓厚度是非常重要的事，雖然以手扳開或一口氣切開也無所謂，但是，若花點時間以模具取下，可以維持某種程度的厚度。巧克力完全變硬時若以模具強硬取下的話，事後邊緣容易產生碎花屑，因此不習慣的人，最好還是以小片底紙一點一點慢慢做，較為恰當。

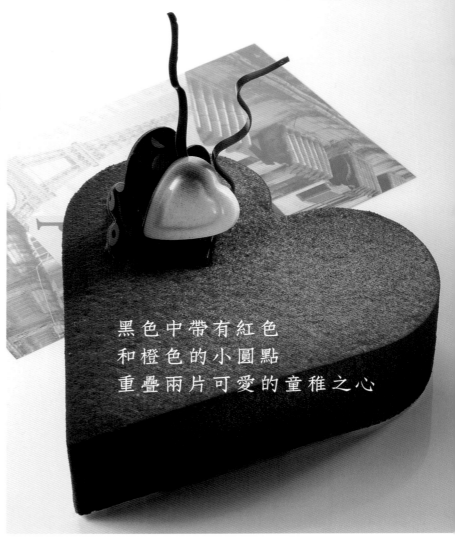

黑色中帶有紅色
和橙色的小圓點
重疊兩片可愛的童稚之心

以紋路刷拉出直線
沿著浪形板做出的波浪形巧克力

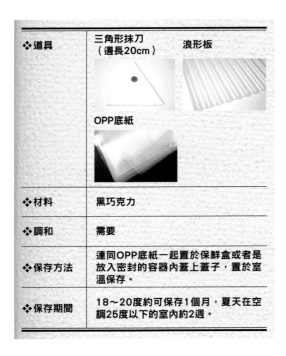

❖ 道具	三角形抹刀 （邊長20cm）	浪形板
	OPP底紙	
❖ 材料	黑巧克力	
❖ 調和	需要	
❖ 保存方法	連同OPP底紙一起置於保鮮盒或者是放入密封的容器內蓋上蓋子，置於室溫保存。	
❖ 保存期間	18～20度約可保存1個月，夏天在空調25度以下的室內約2週。	

準備

參考P4「巧克力對溫度的敏感度」，確認室溫溫度。
參考P5將OPP底紙固定在工作台上，在此橫向鋪上寬度4cm的帶狀透明蛋糕紙。

1

將所需的巧克力分量倒在底紙左端，左手拉著底紙，以齒目間距約1cm的紋路刷將巧克力往右邊拉出直線條。

2

將底紙輕輕地沿著浪形板的弧度貼合，於室溫下變硬後撕下底紙，再一根根扳開即可。

定型

著色

轉印

模具切割

紋路刷描繪

彎曲

準備 參考P4「巧克力對溫度的敏感度」，確認模型和室溫的溫度。

❖道具	心形模型	空氣刷

	擠花袋	
❖材料	白巧克力 油性色素（紅、茶）	
❖調和	需要	
❖保存方法	連同OPP底紙一起置於保鮮盒或者是放入密封的容器內蓋上蓋子，置於室溫保存。	
❖保存期間	18～20度約可保存2週，夏天在空調25度以下的室內約1週。	

1 30～35度溶解後的紅色色素，以空氣刷噴在心形模型的右上方位置。

2 紅色的上層再噴上少許茶色可以增添少許成熟感，擠入溶化的巧克力，整個模型的側面以棉棒敲一敲，去除氣泡，再以抹刀將表面抹平，置於室溫下變硬後脫模。

❖道具	L型抹刀（中）	心形切割模具
❖材料	黑巧克力 轉印底紙	
❖調和	需要	
❖保存方法	連同OPP底紙一起置於保鮮盒或者是放入密封的容器內蓋上蓋子，置於室溫保存。	
❖保存期間	18～20度約可保存1個月，夏天在空調25度以下的室內約可保存2週。	

準備 參考P4「巧克力對溫度的敏感度」，確認室溫溫度。工作台中央以酒精噴霧器清潔過後鋪上轉印底紙，底紙周圍滲出的酒精以餐巾紙擦拭乾淨。

1 轉印底紙的左端及中央部分，倒入所需的巧克力分量後抹成薄片。

2 以抹刀大約抹2～3次，均勻地抹成薄片狀使其略微溢出底紙，連同底紙撕下後，將工作台上殘留的巧克力清除。

3 變硬至以抹刀輕壓會殘留痕跡的程度時，以心形模具切下，置於室溫下變硬後撕下底紙即可。

巧克力片

組合 以薄片巧克力做為基底，以調和巧克力將其他部分平衡地黏合起來。巧克力薄片的作法是將溶化的巧克力擠入4cm的四方模型裡，模型的側面以擀麵棍敲一敲消除氣泡，再以抹刀抹平後置於室溫下，變硬後脫模即可。

以刀尖壓出花瓣模樣後
再噴上金粉
使其閃閃發光

市售的巧克力球
只要噴上金箔
就能突顯出
獨特的創意

生動的
紅色條紋巧克力盒
使白色巧克力
更為突出顯眼

❖道具	刀（參照P45） OPP底紙		
❖材料	白巧克力 金箔噴霧器		
❖調和	需要		
❖保存方法	連同OPP底紙一起置於保鮮盒或者是放入密封的容器內蓋上蓋子，置於室溫保存。		
❖保存期間	18～20度約可保存2週，夏天在空調25度以下的室內約可保存1週。		

準備

參考P4「巧克力對溫度的敏感度」，確認室溫溫度。
參考P5將OPP底紙固定在工作台上，在此橫向鋪上寬度6cm的帶狀透明蛋糕紙。

1

以刀尖約3cm左右的長度輕壓巧克力。

2

將刀子略微提起後往自身的方向抽離，置於室溫下變硬，噴上金箔後撕下底紙即可。

定型

著色

以刀子按壓出圖案

心形模型裡以空氣刷整個噴上色素，凝固後擠上白巧克力的線條，待其變硬後再倒入黑色巧克力，只要擠出白色線條，就能突顯出亮麗的紅色，在此因為使用了色素，所以並不需要塗抹巧克力，但若需要在模型裡變硬的話，就必須以刷毛等塗上一層薄薄的巧克力後，再倒入巧克力，這樣可以減少氣泡的產生，並散發出光澤。若模型更大的時候，可分成多次重覆進行倒入的動作，使其更為紮實。若是作為情人節的禮物，為了讓其看起來更為豪華，可以以市售的巧克力球和刀子描繪出來的花瓣構成，先在底紙上將花瓣和球以巧克力黏合後，再整個與心形巧克力黏合。

❖道具	壓克力製心形模型	空氣刷
	白色擠袋	L型抹刀（小）
❖材料	油性色素（紅）白巧克力黑巧克力	
❖調和	皆需要	
❖保存方法	連同OPP底紙一起置於保鮮盒或者是放入密封的容器內蓋上蓋子，置於室溫保存。	
❖保存期間	18～20度約可保存1個月，夏天在空調25度以下的室內約可保存2週。	

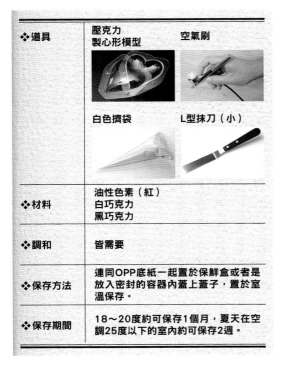

3

整個模型裡倒滿巧克力，模型周圍以擀麵棍等輕敲幾次，讓巧克力裡的氣泡破滅。

4

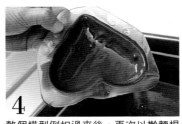

整個模型倒扣過來後，再次以擀麵棍輕敲模型，讓多餘的氣泡移動，溢出模型周圍的巧克力也以抹刀仔細刮除。

5

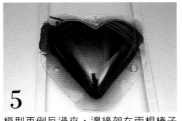

模型再倒反過來，邊緣架在兩根棒子上，置於室溫下變硬後脫模，大型模型內的巧克力要變硬的話，不要放進冷藏庫冷藏，置於室溫下慢慢變硬，完成後的巧克力才能散發出漂亮的光澤。

準備

參考P4「巧克力對溫度的敏感度」，確認模型的溫度和室溫溫度。
白色巧克力請參照P37，以OPP底紙做出小型的擠袋。

1

色素以30～35度溶解後，以空氣噴槍將整個模型染勻。

2

模型的一端以擠袋擠出細細的白色巧克力裝飾，溢出的部分以抹刀仔細除去。

現成製品直徑26mm的巧克力球，以噴霧器噴出金箔即可。

組合

置於OPP底紙上組合。以調和白巧克力將6片花瓣黏合起來，再黏合中央的巧克力金粉球，最後再和心形的巧克力黏合即可。

❖道具	高8cm的壓克力蛋狀模型	空氣刷
❖材料	液體油性色素（綠）白巧克力	
❖調和	需要	
❖保存方法	脫模後置於保鮮盒或者是放入密封的容器內蓋上蓋子置於室溫保存。	
❖保存期間	18～20度約可保存2週，夏天在空調25度以下的室內約可保存1週。	

❖道具	直徑30mm的半球形模型	白、黑擠袋
❖材料	黑巧克力白巧克力	
❖調和	需要	
❖保存方法	脫模後置於保鮮盒或者是放入密封的容器內蓋上蓋子，置於室溫保存。	
❖保存期間	18～20度約可保存2週，夏天在空調25度以下的室內約可保存1週。	

❖道具	自製葉片模型	空氣刷
❖材料	白巧克力油性色素（橙）	
❖調和	需要	
❖保存方法	脫模後置於保鮮盒或者是放入密封的容器內蓋上蓋子，置於室溫保存。	
❖保存期間	18～20度約可保存2週，夏天在空調25度以下的室內約可保存1週。	

2

色素乾了之後，參照P27心形模型的作法倒入巧克力，變硬後脫模取下，將邊緣貼著吹風機加熱過的鐵盤，使其略微溶化。

3

仔細地黏合成漂亮的蛋形，比起以巧克力來黏合，這種方式的接合點較不明顯，看起來較完美。

準備　參考P4「巧克力對溫度的敏感度」，確認模型的溫度和室溫溫度。

1
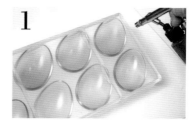
色素以30～35度溶解後，以空氣噴槍將整個模型染勻。背面的部分重複噴兩次，重點是肚子中央部分的顏色要淺。

以擠袋擠出2～3mm大小的黑色巧克力，置於室溫變硬後，再層疊上直徑1cm的白巧克力，同樣置於室溫變硬即可。

準備　模型和上述相同，置於室溫備用即可。巧克力請參照P37的方式做出小型的擠袋。

準備　參考P4「巧克力對溫度的敏感度」，確認室溫的溫度。

1

以刷毛在葉片模型上塗一層薄薄的巧克力，置於室溫變硬後，再度塗上第二層，如此可以避免氣泡進入巧克力內，完成後的葉片也會比較漂亮。

2

第二次要厚塗，尤其是葉子中央的葉脈部分要塗厚一點，置於室溫之下脫模，再以空氣刷噴上30～35度溶解的色素，斜斜地噴更可以凸顯出陰影的效果。

蛋形的身軀
搭配大大的眼睛
迷人滑稽的
小青蛙

將背面深綠色，腹部淺綠色的兩個蛋形巧克力黏合成獨一無二的可愛小青蛙。含有色素的可可脂，效果更甚於調和，完成後會呈現出如噴漆般的光輝，青蛙腳下鋪著的葉片以空氣刷著色，彷彿有彈性的樣子。葉片模型是以製作糖花專用的矽膠模型印壓而成，可自行在家以PET（寶特瓶材質）印壓模形，比起矽膠模型來說，表面更具有光澤是其主要特徵，也可以同樣的方式製作塑膠花模型。

手作的葉片模型
塗上一層厚厚的巧克力
變硬後可散發出光彩

利用浮雕模型做出青蛙腿 再以空氣刷噴染成茶色

❖道具	長度50mm的浮雕模型	空氣刷
	擠花袋	
❖材料	油性色素（橙）白巧克力	
❖調和	需要	
❖保存方法	脫模後置於保鮮盒或者是放入密封的容器內蓋上蓋子，置於室溫保存。	
❖保存期間	18～20度約可保存2週，夏天在空調25度以下的室內約可保存1週。	

3

將整個模型翻過來，以擀麵棍等輕敲10次左右，讓多餘的巧克力落盡。

4

溢出的巧克力以大型的抹刀一個個仔細地刮除。

5

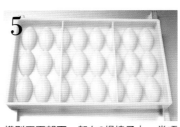

模型正面朝下，架在2根棒子上，當巧克力變硬後，再次將溢出的部分去除，置於10～15度的冷藏庫數分鐘後脫模即可。

準備　與蛋形模具相同，浮雕模型也必須置於室溫之下使用，並確認室溫。

1

以空氣刷將溶解於30～35度的色素噴在浮雕模型的前端部分，置於室溫變硬。

2

巧克力擠滿至模型邊緣的高度後，以手將模型整個略微拿高，敲敲工作台，再將模型做180度的反轉，如此重覆15～20次左右，讓巧克力中的氣泡消失。

趁著巧克力仍柔軟時
以竹籤自由自在拉出隨性的線條

利用刀尖的形狀
壓出火焰形巧克力

以刀子或抹刀塗抹而成的巧克力裝飾，是一直以來就經常被採用的方式，主要是
因為品質穩定且形狀固定，所以可以大量生產。使用刀子可以壓出前端狹窄的形
狀，藉著力道的強弱，做出薄與厚的起伏，完成後更顯得立體。以竹籤切割比刀
子切割更能呈現生動靈活的線條，因為形狀很有趣，即使不著色，僅白、黑、乳
色三色就能夠完全表現出魅力，若灑上糖粉也非常漂亮。

❖道具	刀子（請參考P45）	OPP底紙
❖材料	牛奶巧克力	
❖調和	需要	
❖保存方法	連同OPP底紙一起置於保鮮盒或是放入密封的容器內蓋上蓋子，置於室溫保存。	
❖保存期間	18～20度約可保存1個月，夏天在空調25度以下的室內約可保存2週。	

準備

參考P4「巧克力對溫度的敏感度」，確認室溫溫度。
參考P5將OPP底紙固定在工作台上，在此橫向鋪上寬度6cm的帶狀透明蛋糕紙。

以刀尖約3cm左右的長度輕壓巧克力，當刀子兩側的巧克力略微向上鼓起後，將刀子略微提起往自身的方向抽離，置於室溫下變硬後撕下底紙即可。

❖道具	L型抹刀（中）	刮板
	竹籤	空氣刷
	OPP底紙	
❖材料	白巧克力 油性色素（橙色）	
❖調和	需要	
❖保存方法	連同OPP底紙一起置於保鮮盒或是放入密封的容器內蓋上蓋子，置於室溫保存。	
❖保存期間	18～20度約可保存2週，夏天在空調25度以下的室內約可保存1週。	

準備

參考P5將OPP底紙固定在工作台上，在此橫向鋪上30×20cm的長方形（可以60×40cm對半裁切成兩等分）。

3 以刮板將邊緣削掉，同時要注意巧克力變硬的狀況。

1 將適量的巧克力倒在底紙一端。

2 以抹刀抹成略厚的片狀，不需抹至溢出底紙的程度即可。

4 置於室溫下，變硬至不沾黏竹籤的程度時，將竹籤刺入碰觸到底紙後，隨意地畫出曲線。

5
巧克力完全變硬後，將30～35度溶化的色素以空氣刷著色，乾燥後將底紙撕下，巧克力即可鬆散開來。

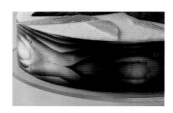

參考P4「巧克力對溫度的敏感度」，確認室溫溫度。
參考P5將OPP底紙固定在工作台上，在此橫向鋪上寬度4cm的帶狀透明蛋糕紙。

❖道具	長度10cm的環狀模型　L型抹刀（中）
	OPP底紙
❖材料	黑巧克力　白巧克力
❖調和	皆需要
❖保存方法	連同OPP底紙以冷凍保存。
❖保存期間	約可保存2週。

3

連同底紙一起撕下，將台面上殘留的巧克力清潔乾淨，待巧克力變硬至以抹刀輕壓表面會殘留痕跡的程度時，和照片1相同的要領，其上抹一層白巧克力，同樣地以抹刀抹成平薄狀。

4

因為巧克力變硬後接合處會裂開，因此要立刻將其貼在冷凍甜點的側邊，接合處以手指輕壓，使其密合。

1

將適量的巧克力等距離倒在底紙上3～4處，以抹刀抹平。

將環狀模型斜斜地拿著，角度垂直，從近身處開始反覆塗抹至略微溢出底紙的程度，描繪出木紋的圖案。

2

白色花瓣是將PET材質的底紙裁成葉子的形狀做成的印模，印在OPP紙上的白巧克力表面，使其變硬即可。因為印模瞬間拉起時，中間會形成如葉脈般的突起，更能增添葉片生動的魅力，也因為印模印壓速度快，可以短時間大量製作。即使不彎曲只使用一片，裝飾在小甜點上也能具有時尚感。紅葉也是使用自製的模型，具有襯墊感的葉子統一使用素雅的色調。以手扳開的木紋巧克力，是利用市面上販售，被稱為「酒心巧克力構造」的立體底紙。在此雖只作成木紋圖案，事實上可以做出更多種不同的圖案。側面所使用的環形圖案，很久以前曾經大大地流行，最近雖然比較少見，但仍是美麗如昔，是裝飾外觀強而有力的好方法。

＊參照P28白巧克力葉子的作法，以黑色巧克力做出葉片，整個噴上白色色素，乾燥後，再小部分染上綠色或橙色色素，做成紅葉的樣子。

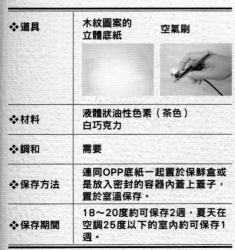

❖道具	木紋圖案的立體底紙	空氣刷
❖材料	液體狀油性色素（茶色）白巧克力	
❖調和	需要	
❖保存方法	連同OPP底紙一起置於保鮮盒或是放入密封的容器內蓋上蓋子，置於室溫保存。	
❖保存期間	18～20度約可保存2週，夏天在空調25度以下的室內約可保存1週。	

1

以30～35度溶化色素，再以空氣噴槍在立體紙上噴出斑點的模樣，撕下底紙後將工作台上的色素以餐巾紙擦拭乾淨。

2

在室溫下待色素變乾後，將適量的巧克力倒在底紙一端，一手壓住底紙的一端，一手以抹刀大約抹2～3次成薄片狀，連同底紙一起，待其變硬後，再將巧克力上的底紙撕下即可。

❖道具	空氣噴刷
	自製葉子模型
❖材料	黑色巧克力　油性色素（白、綠、橙）
❖調和	需要
❖保存方法	連同OPP底紙一起置於保鮮盒或是放入密封的容器內蓋上蓋子，置於室溫保存。
❖保存期間	18～20度約可保存1個月，夏天在空調25度以下的室內約可保存2週。

以手做印模

以立體底紙
做出的
木紋巧克力

印壓出花瓣和紅葉
充滿秋的浪漫

側面貼上環形圖案
的巧克力

準備

將PET寶特瓶材質剪成葉子形狀,以膠帶黏於其上當作把柄,作為印模。參考P5將OPP底紙固定在工作台上,在此使用30×20cm的長方形(可將60×40cm對半裁切成兩等分),再裁成2等分後橫向鋪上。

1

將模印印在巧克力上,以手輕壓住底紙後,將印模呈垂直狀向上拉起。

2

兩手捏住底紙的左右兩端,將整個底紙移至半筒狀模型上,置於室溫下待其變硬。

❖道具	長度6cm的自製葉子印模	半筒形模型
	空氣噴刷	白色擠袋
	OPP底紙	
❖材料	白巧克力 油性色素(橙)	
❖調和	需要	
❖保存方法	脫模後置於保鮮盒或是放入密封的容器內蓋上蓋子,置於室溫保存。	
❖保存期間	18~20度約可保存2週,夏天在空調25度以下的室內約可保存1週。	

5

在花瓣的根部擠上白巧克力作為黏著劑,花瓣已著色的部分朝上。

6

黏完一圈之後,第二圈將花瓣的黏接位置稍微往中心點移動,第三圈再往中心挪動一點,花瓣一層層地往上方移動黏合的方式,看起來非常立體而美麗。

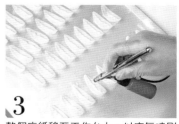

3

整個底紙移至工作台上,以空氣噴刷將30~35度溶化的色素,噴在巧克力前端部分。一個個撕下很容易損壞,所以最好將底紙整張翻過來,使其自動脫落。

4

製作花朵。準備直徑40mm的半球形白色巧克力作為花朵中間的花芯,花芯上以刀子畫出淺淺的傷口較有利於接合。

2

第二層採取和1同樣的方式擠出牛奶巧克力線條。最好用手將底紙的一端提起，從背面確認一下圖案的顏色搭配。

3

最後同樣以相同的要領擠出白色巧克力線條，置於室溫變硬後，撕下底紙並以手扳成不規則片狀。

1

擠袋的前端剪出細細的缺口，將擠袋邊旋轉邊在底紙上全面擠出黑色巧克力線條。

 準 備　參考P4「巧克力對溫度的敏感度」，確認室溫溫度。
參照P37以OPP底紙做出各色巧克力的小型擠袋。
參考P5將OPP底紙固定在工作台上，在此橫向鋪上30×20cm的長方形（可將60×40cm對半裁切成兩等分）。

❖ 道具	黑色擠袋	白色擠袋
	乳色擠袋	OPP底紙
❖ 材料	黑巧克力　牛奶巧克力 白巧克力	
❖ 調和	皆需要	
❖ 保存方法	連同OPP底紙一起置於保鮮盒或是放入密封的容器內蓋上蓋子，置於室溫保存。	
❖ 保存期間	18～20度約可保存1個月，夏天在空調25度以下的室內約可保存2週。	

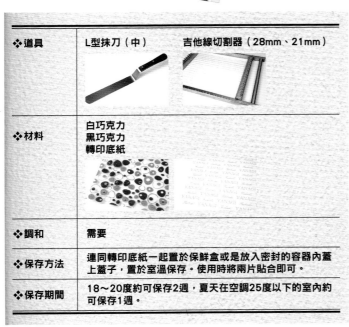

❖ 道具	L型抹刀（中）	吉他線切割器（28mm、21mm）
❖ 材料	白巧克力 黑巧克力 轉印底紙	
❖ 調和	需要	
❖ 保存方法	連同轉印底紙一起置於保鮮盒或是放入密封的容器內蓋上蓋子，置於室溫保存。使用時將兩片貼合即可。	
❖ 保存期間	18～20度約可保存2週，夏天在空調25度以下的室內約可保存1週。	

 準 備　參考P4「巧克力對溫度的敏感度」，確認室溫溫度。
轉印底紙的四個角塗上調和巧克力後黏貼在工作台上。

1

將巧克力倒在轉印底紙上3處，以抹刀約抹三回至略微溢出底紙的程度成薄片狀即可，之後立刻連同底紙一起撕下，將台面上殘留的巧克力清潔乾淨。

2

巧克力變硬至以抹刀輕壓表面會殘留痕跡的程度時，將刀刃沿著寬約28mm的吉他線切割器往身體的方向切割，完成後再將底紙轉動90度，以同樣的方式切割，置於室溫下變硬後撕下底紙即可。

組 合　將印著店名的轉印底紙和黑巧克力，以同樣的方式進行，切割成寬約21mm的大小，再以調和巧克力將大小片巧克力黏合起來即可。

以吉他線切割器
迅速確實切割而成的
兩片轉印巧克力重疊而成

越細越能表現出美感
由黑色、乳色、白色組合而成的三色網狀巧克力

表面的巧克力顏色越深越美，所以，要先決定哪一片在表面之後再進行作業，
若底紙面作為正面的話，順序則為黑色、乳色、白色。線條太粗會顯得粗糙，
因此擠得越細越好。冷卻至某個程度時，只要以手「唰」地一折就能輕易折
斷。四角的轉印巧克力，沿著酒心巧克力用的吉他線切割器切割是主要重點，
正確而迅速地一氣呵成是最恰當的方法。

將巧克力蜿蜒曲折地
擠在轉印底紙上
做出充滿浪漫風情的
皇冠造型巧克力

黑色巧克力在轉印底紙上，
正中央為最高點，中途不要
停止，一線連到底。

周圍的圓薄片硬幣巧克力
擠成圓形後輕敲
再灑上可可豆碎粒即可

❖道具	黑色擠袋	半筒狀模型
❖材料	黑巧克力 轉印底紙	
❖調和	需要	
❖保存方法	連同轉印底紙一起置於保鮮盒或是放入密 封的容器內蓋上蓋子，置於室溫保存。	
❖保存期間	18～20度約可保存1個月，夏天在空調 25度以下的室內約可保存2週。	

準備

參考P4「巧克力對溫度的敏感度」，
確認室溫溫度。
參照P37以OPP底紙製作小型巧克力
擠袋。
配合皇冠的大小及數量，將轉印底紙
切成長方形，放置於工作台上。

1

黑色巧克力在轉印底紙上描繪出「8」
的圖案，正中央為最高點，中途不要
停止，一線連到底。

2

隨後立刻連同底紙一起移至半筒狀模
型上，使其成為弧形，置於室溫下變
硬後撕下底紙即可。

雖然以擠袋擠出的形狀較為傳統，但將巧克力擠在轉印底紙上印下圖案後，再利用模具使其彎曲，卻能呈現出摩登的現代感。傳統常用的方式卻能夠呈現出華麗的皇冠宮廷風，真是令人覺得不可思議。至於錢幣的形狀只要將巧克力擠成圓形後，敲敲工作台使其平均擴散即可，若過厚則不美觀，所以一定要確實輕敲使其擴展成薄片狀。

❖ 道具	白色擠袋
❖ 材料	白巧克力 可可豆碎粒
❖ 調和	需要
❖ 保存方法	連同OPP底紙一起置於保鮮盒或是放入密封的容器內蓋上蓋子，置於室溫保存。
❖ 保存期間	18～20度約可保存2週，夏天在空調25度以下的室內約可保存1週。

2

轉動底紙改變方向後，輕輕敲打工作台，重複動作幾次，讓圓形巧克力擴散變薄。

3

灑上可可豆碎粒後，置於室溫下變硬後即可撕下底紙。

準備　參考P4「巧克力對溫度的敏感度」，確認模型和室溫的溫度。

參照下列所述以OPP底紙製作小型巧克力擠袋。

參考P5將OPP底紙固定在工作台上，在此橫向鋪上30×20cm的長方形（可將60×40cm對半裁切成兩等分）。

1

取適當距離擠出直徑10～12mm的圓形巧克力。

製作好用的擠袋

　　能否善用擠袋的訣竅，關鍵著是否能夠擠出優美的線條。

　　一般擠袋的尺寸是邊長30cm×35cm，擁有直角的三角形OPP底紙，若再切割成1/2或1/4，則可擠出更細的線條。第一個訣竅是擠袋完成後將水倒入，水必須一滴不漏，擠袋的前端要像針一樣的尖挺，一開始前端就尖挺的話，調整形狀的效果會比較好，另外還要十分確定尖端是否有破洞，位置決定之後，以膠帶黏貼固定即可。

　　第二個訣竅是填入巧克力後袋子的封貼方法，決定以底紙的接合部分為中央點後，將袋子往相反方向折返並捲起來，接合處以膠帶黏貼固定即可完成，若捲向錯誤的話，會造成擠壓的過程中，巧克力溢出的現象。第三個訣竅是剪刀，一定要用擠袋專用的專業剪刀，才能夠俐落確實地剪成直線。

　　成功的擠袋可以擠出粗細相同、呈直線落下的巧克力線條，失敗的擠袋則會擠出彎曲狀或往橫向彎曲等無法直線落下的線條。

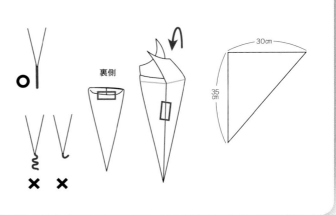

印上色彩繽紛的圖案
大大地提升葉片形巧克力的
都會時尚感

裝飾細如樹枝一般以及
自然呈現彎曲的葉片巧克力

充滿繽紛圖案的彩色轉印底紙上，擠出葉片形的黑色巧克力，再彎曲成大角度
弧形，相對於古典立體感給人的傳統印象，更能表現都會感的流行氛圍。細長
狀的巧克力，是利用巧克力收縮時自然產生的反折現象來做成交錯的樹枝狀，
此外，使用過後的轉印底紙，因為只取用了某一小部分的圖案，其餘未使用的
部分，可以再利用於需要以手扳下的塊狀巧克力上。

擠袋

轉印

彎曲

準備　參考P4「巧克力對溫度的敏感度」，確認室溫的溫度。
參照P37以OPP底紙製作小型巧克力擠袋並裝入巧克力。
轉印底紙切割成需要的大小放置於工作台上。

❖道具	黑巧克力擠袋
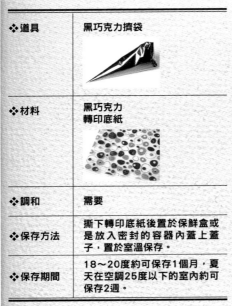	
❖材料	黑巧克力 轉印底紙
❖調和	需要
❖保存方法	撕下轉印底紙後置於保鮮盒或是放入密封的容器內蓋上蓋子，置於室溫保存。
❖保存期間	18～20度約可保存1個月，夏天在空調25度以下的室內約可保存2週。

1 為了讓葉子更生動活潑，剛開始描繪葉子的外輪廓時，由上往下擠出成弧線的線條，就可以呈現出靈活生動的樣子。

3 一根根仔細描繪出葉脈，只要左右葉脈不要對稱連接，不管是左右邊哪邊先畫，都可以呈現出生動的樣子。

2 擠出巧克力將上下中心點連結起來成為葉脈。

4 雙手拿起轉印底紙的兩端，移動至半筒狀模型上，置於室溫下變硬後撕下轉印底紙即可。

準備　參考P4「巧克力對溫度的敏感度」，確認室溫的溫度。
參照P37以OPP底紙製作小型巧克力擠袋並裝入巧克力。
參考P5將OPP底紙固定在工作台上，在此橫向鋪上30×40cm的長方形（可將60×40cm對半裁切成兩等分）。

❖道具	黑巧克力擠袋	OPP底紙

❖材料	黑巧克力	
❖調和	需要	
❖保存方法	連同OPP底紙置於保鮮盒或是放入密封的容器內，蓋上蓋子，置於室溫保存。	
❖保存期間	18～20度約可保存1個月，夏天在空調25度以下的室內約可保存2週。	

1 在底紙上擠出不規則的黑色巧克力線條，偶爾刻意讓線條交錯。

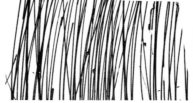

2 連同底紙一起拿下後，將台上殘留的巧克力擦拭乾淨，巧克力置於室溫下使其變硬後，整個反過來則能夠呈現自然的圖案，撕下底紙後，折成適當的長度備用。

3 集中後立刻調整成弧形狀,因為很容易溶化,所以盡量不要以手碰觸。

1 鐵盤自冷凍庫取出後,立刻擠出不重疊的巧克力線條,擠袋拿高一點才能擠出較細的巧克力。

參考P4「巧克力對溫度的敏感度」,確認室溫的溫度。
參照P37以OPP底紙製作小型巧克力擠袋並填入巧克力。
將數個鐵盤重疊後放進冷凍庫使其充分冷卻備用。

4 以三角形抹刀將巧克力束的兩端齊平地切斷,置於鐵盤上放進冷藏庫約30分鐘～1個小時,決定好擺放於甜點的位置後即可裝飾。

2 接著立刻以三角形抹刀將巧克力線條集中成一束。

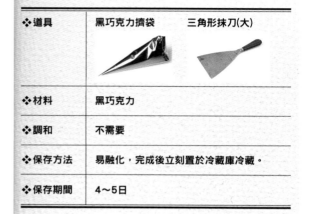

❖道具	黑巧克力擠袋	三角形抹刀(大)
❖材料	黑巧克力	
❖調和	不需要	
❖保存方法	易融化,完成後立刻置於冷藏庫冷藏。	
❖保存期間	4～5日	

3 將巧克力擠滿至模型邊緣的高度後,用手將模型整個略微拿高輕敲工作台,再將模型轉向180度,如此重覆15～20次左右,藉此讓巧克力中的氣泡消失。

1 先以平頭筆在模型內塗上珍珠粉,再將模型倒反過來讓多餘的粉末落下。

2 以尖頭筆將溶化於30～35度的紅色色素點在模型內,然後輕敲模型兩次左右。

4 將整個模型倒反過來,以擀麵棍等輕敲10次左右,讓多餘的巧克力落盡。

參考P4「巧克力對溫度的敏感度」,確認模型及室溫的溫度。

5 溢出的巧克力以較大的抹刀仔細地刮除後,將模型正面朝下,架在2根棒子上,置於室溫下變硬後,再次將溢出的部分清除,放進10～15度的冷藏庫數分鐘,脫模後將巧克力邊緣碰觸吹風機吹熱的鐵盤,使其略微溶化後,再將兩個半球形巧克力黏合成整粒圓形巧克力。

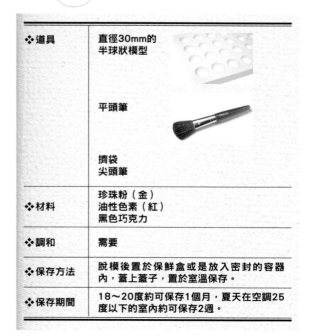

❖道具	直徑30mm的半球狀模型
	平頭筆
	擠袋 尖頭筆
❖材料	珍珠粉(金) 油性色素(紅) 黑色巧克力
❖調和	需要
❖保存方法	脫模後置於保鮮盒或是放入密封的容器內,蓋上蓋子,置於室溫保存。
❖保存期間	18～20度約可保存1個月,夏天在空調25度以下的室內約可保存2週。

閃 亮 金 色 中 點 綴 上
一 筆 紅 色 , 散 發 出
彷 彿 銀 河 般 的 燦 爛 光 輝

擠 在 冷 凍 鐵 盤
立 刻 成 形 的 細 麵 狀 巧 克 力

直徑約0.3mm，彷彿髮絲般極纖細的尺寸是將未調和的巧克力，擠在超低溫冷凍過的鐵盤上急速冷卻而成。瞬間變硬的巧克力會產生柔軟性，因此可以彎曲或編織，因為巧克力對溫度非常敏感，因此塑型時，雙手和三角形抹刀都必須充分冷卻才可以進行作業，為了避免鐵盤太快溫熱，最好一次將數個鐵盤重疊冷凍。成形後也很容易溶化，最好先暫時冷卻使其較為安定後，再裝飾於甜點上。另一個重點…圓球，使用了高雅的金色，而甜點表面的圖案，是灑上可可粉後，再以抹刀塗上一層果凍膠描繪而成。

基本功夫中的巧克力捲
將前端變換成極細的尺寸

刀削

巧克力裝飾中，捲式巧克力可以說是古典型式中的其中一種，而且一定要在大理石上進行作業。大約鉛筆粗細的尺寸較為普遍，通常都是白色加黑色，或是奶油色配上黑色的條紋圖案，總覺得好像仍停留於舊式傳統的印象中，但是極細且前端削尖的形狀，其纖細的感覺呈現出現代的流行風貌，作為豪華甜點的裝飾，非常具有效果。因為前端要呈尖細狀，所以斜切是主要重點。

 準備 參考P4「巧克力對溫度的敏感度」，確認室溫的溫度。

❖道具	L型抹刀（中）
	三角形抹刀（小）
	刀子（刀刃長度27.5cm）
	大理石
❖材料	白色巧克力
❖調和	需要
❖保存方法	置於保鮮盒或是放入密封的容器內蓋上蓋子，置於室溫保存。
❖保存期間	18～20度約可保存2週，夏天在空調25度以下的室內約可保存1週。

3 以三角形抹刀削出所需要的巧克力長度，此時必須把握時機，利用硬度適當時來進行。

1 在大理石上，橫向長條狀地倒下所需的巧克力分量。

4 雙手緊緊地橫握住刀子，在寬度約相隔1cm處，用力切下巧克力，此時若斜斜地交錯變換角度，就可以削出前端微尖的巧克力。

2 以抹刀約抹3～4回，盡可能抹成薄片狀，如果抹得過厚的話，完成作品也會太厚。

Variation 變化形

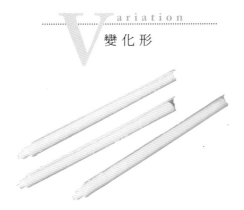

只要在巧克力薄片的中線
畫一刀的話
一次就可以削出2支巧克力捲棒

1 和上述1～3同樣的方式進行，在此將寬度延展，硬度適中時先在巧克力薄片中間筆直地畫一刀。

2 和上述4相同用力地切下巧克力，在此前端不需要呈現尖狀，所以只要筆直地往下削即可，削一次可以做出2支巧克力捲棒。

5 右手拇指頂著刀刃中間，左手對著刀尖，由外側往自身方向一次切出60cm細細的皺褶，若動作不夠迅速的話，巧克力的狀態會惡化而無法做出有彈性的皺褶，寬度要比之前的略微短一點才能取得平衡。

1 刀子對著鐵盤邊緣，由外而內往自身方向先削下約5mm左右的巧克力，接著將刀子筆直切入約比甜點高度多出1.5～2cm寬的地方。

準備 參考P4「巧克力對溫度的敏感度」，確認室內的溫度。
參照以下所述，在鐵盤上將約110～130g的巧克力抹成薄片，冷卻變硬後放回室溫下備用。

6 以刀尖讓巧克力的前端捲曲纏繞成花形，以此作為中心即可完成。

2 以雙手緊緊地握住刀子兩端，將刀子壓在鐵盤上削下，最初容易成捲曲狀，所以剛開始削時可以暫時以指尖輕壓，由外往自身方向削下，讓巧克力通過刀子上方。

❖道具	刀子（參照P45）	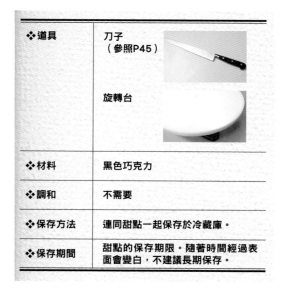
	旋轉台	
❖材料	黑色巧克力	
❖調和	不需要	
❖保存方法	連同甜點一起保存於冷藏庫。	
❖保存期間	甜點的保存期限。隨著時間經過表面會變白，不建議長期保存。	

3 將巧克力的上面（正面）朝著外側，貼在旋轉台上的甜點側邊，切直的一邊朝下方，高過於甜點的部分，只要稍微往內側輕壓傾倒即可。

不需調和的巧克力，需要在 3～5個小時前先行準備。

1 將鋁製或不鏽鋼製的鐵盤，利用烤箱的餘溫加溫至40～50度後，倒反過來放置於工作台上，鐵盤中間倒下未經調和的巧克力，白巧克力約需加溫至40度，牛奶巧克力需加溫至40～45度，巧克力的分量因裝飾的內容而有所差異，請遵照各個不同的要求來使用。

2 以手觸摸抹刀使其變溫，同時趁鐵盤未變溫之前抹成厚度均勻的薄片狀。

3 當整體抹成平滑的片狀時，立刻放進冷藏庫冷藏約3～4小時，使用前30～40分鐘再從冷藏庫取出置於室溫下讓溫度回升至20～22度。

4 如上述**1**、**2**，重複削出同樣寬度的巧克力，趁著巧克力還柔軟的時候，將巧克力鋸齒狀的邊緣作皺褶狀朝著外側擺放，像花一樣重疊。製作時將巧克力的另一端繞在抹刀柄上，自上垂下較利於進行作業。

削成長條片狀的巧克力，緊緊地貼著側面
甜點中間裝飾著前端削成鋸齒狀
捲成優雅皺褶狀的大圈花束巧克力

使用刀刃柔軟的刀子較佳

想要將抹成薄片的巧克力削成像布
疋一樣柔軟，刀子的選擇是非常重要
的。慣於使用右手的人，以左手將刀
尖固定在台上，右手輕輕握住刀柄和
刀根部的地方，右手手指伸入刀子和
工作台之間，大拇指緊緊地壓住刀刃
中央，若此時刀刃成反向彎曲的話，
表示刀子的柔軟性佳，刀刃長度最好
是20cm者為佳。

未調和的巧克力裝飾，雖然在90年代的日本非常流行，但是基
於氣溫高不易製作，容易發汗、溶化等理由，聽說至今仍有很
多甜點師傅不知如何處理這些狀況。確實調和巧克力做起來簡
單方便，保存性也高，但未調和的巧克力擁有非常多的優點，
我認為只要確實學到其間的美麗及優雅，也就有價值了。最初
介紹的是整個表面覆蓋大型花瓣的甜點，以刀子做出纖細皺褶
的魅力，如何削出前端輕薄、表現出輕盈的飄揚感是最主要的
重點。最適合的尺寸是直徑18cm以上，若小於這個尺寸時，
有必要每片的寬度窄一點，層次多一點。

細細的直線捲成煙縷狀
鮮明且纖細的螺旋狀巧克力

以易溶化
製作難度最高的白巧克力
做出飄揚般的皺褶巧克力

如果要製作出相同的飄揚感，使用脂肪成分高、容易溶化的白巧克力比起黑巧克力來說難度更高。首先材料必須依照指定的時間冷藏於冷藏庫，如果管理不當的話，會因為乾燥而失去柔軟的彈性或產生乾燥屑造成無法削薄的現象。還有削完後若要碰觸巧克力時，必須先將手浸泡在水裡變冰冷後才能進行。螺旋狀的細長黑色巧克力，到現在仍是非常受歡迎的形式之一，一次可以多做一點，只要一根就能改變甜點的樣貌，可說是非常方便的裝飾。

3

以雙手緊緊地握住刀子兩端，由外往自身方向筆直地切入削下，一開始容易捲曲成波浪狀，此時可讓削下後的巧克力通過刀子上方，藉此調整捲曲度。

4

趁著巧克力仍有柔軟性時，趕快邊打皺褶邊貼合在甜點側邊，因為巧克力很容易溶化，雙手必須在冰水中浸泡之後再進行作業。

5

直徑15cm的甜點，約需3.5片60cm長的巧克力片才能完成貼合。

❖道具	刀子（參照P45）
❖材料	白色巧克力
❖調和	不需要
❖保存方法	連同甜點一起保存於冷藏庫。
❖保存期間	甜點的保存期限。隨著時間經過表面會變白，不建議長期保存。尤其是白巧克力容易吸收味道，要特別注意。

準備

參考P4「巧克力對溫度的敏感度」，確認室溫。
參照P44所述，在鐵盤上將約120～130g的巧克力抹成薄片，冷卻變硬之後放回室溫之下備用。

1

以刀子對著巧克力的邊緣，由外往自身方向削下，如此完成後邊緣即可成為鋸齒狀。

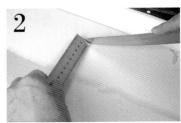

2

甜點高度再加上1.5～2cm之處將刀子切入，作為整個的高度，在此甜點高度為4cm，所以需要削下的寬度約為5.5～6cm。

❖道具	三角形紋路刷（邊長20cm）　圓筒 OPP底紙
❖材料	黑色巧克力
❖調和	需要
❖保存方法	連同OPP底紙一起放置於保鮮盒或是放入密封的容器內蓋上蓋子，置於室溫保存。
❖保存期間	18～20度約可保存1個月，夏天在空調25度以下的室內約可保存2週。

準備

參考P4「巧克力對溫度的敏感度」，確認室溫。
參考P44將OPP底紙固定在工作台上，在此橫向鋪上寬4cm的帶狀蛋糕透明紙。
以膠帶將OPP底紙固定在圓筒上。

1

在底紙左端倒入所需的巧克力分量，左手拉住底紙，右手以紋路刷細齒的部分對著巧克力往右拉出直線。

2

巧克力變硬至以抹刀輕壓表面會殘留痕跡的程度時，將其捲在圓筒上使其呈現出斜斜的弧度，於室溫下變硬後撕下底紙，再一根根扳下即可。

❖道具	刀子（參照P45）	三角形抹刀（小）
❖材料	黑色巧克力	
❖調和	不需要	
❖保存方法	連同OPP底紙一起置於保鮮盒或是放入密封的容器內蓋上蓋子，置於冷藏庫保存	
❖保存期間	約5日。隨著時間的經過表面會變白，不建議長期保存。	

準備

參考P4「巧克力對溫度的敏感度」，確認室溫。
參照P44所述，在鐵盤上將約120g的巧克力抹成薄片，冷藏變硬後放回室溫下備用。

1
左手中指按住刀子前端約1/3處，右手拇指按住刀柄約1/3處，即可削下兩手指間的巧克力。

2
右手90度回轉可削下呈圓錐型的巧克力，剛開始時，右手的位置最好比左手略高些。

Variation
變化形

準備

參考P4「巧克力對溫度的敏感度」，確認室溫。
參照P44所述，在鐵盤上將約120g的巧克力抹成薄片，冷藏變硬之後放回室溫之下備用。

將三角形抹刀斜斜地下壓
可做出刨花狀細細的螺旋狀

1
兩手手指緊緊地握住三角形抹刀的前端，斜斜地對著鐵盤上的巧克力，在寬度約1cm之處壓下即可削下。

2
削的長度越長，前端越尖。

黏合面與面的接著劑

組合花朵等裝飾時，會以調和巧克力作為黏合接著劑，至於要等候片刻才會變硬的大面積時，則使用調和後，溫度下降、出現黏性之前的巧克力，另外像圓球體這樣表面易滑的情況下，可依照P33中所述，事先以刀子畫出缺口較容易黏合。

將刀尖固定
以畫圓的方式
削出小型圓錐狀巧克力

未調和的巧克力，容易因為季節、氣溫、溼度等條件而產生變化，要100％成功是非常不容易的事，此正所謂是「變化多端的巧克力」。其中這種小型圓錐形巧克力是屬於比較簡單的一種，只要刀子正確移動，就一定可以削出圓錐形，其特徵為短時間之內可以大量製作，而且不容易損壞，可以說是失敗率極低，生產性高的裝飾性巧克力。若其內填入堅果、水果、奶油等，更可以增添豐富的味道。

以刀尖削出
鋸齒狀圓形可愛的
巧克力花束

巧克力抹平的厚度越厚
可以做出大型圓錐狀巧克力

圓錐形巧克力開口的大小，由巧克力抹平的厚度來決定，若抹得不夠厚卻想做出開口
較廣的圓錐形巧克力，很難成形，因此就必須藉由手來幫忙捲起，像照片這樣好幾個
同時並列看起來很豪華，其實就算使用一個，只要在圓錐開口裡填入東西，看起來也
很有分量。花朵巧克力是由P44中所介紹的大花巧克力變化而來，一次削下長長的一
片後，再以刀尖將其捲成捲曲的圓環狀，放置於事先已經做好的外圍中心，大約削兩
次的量即可繞成一圈。

❖道具	刀子（參照P45）
❖材料	黑色巧克力
❖調和	不需要
❖保存方法	放入保鮮盒或是密封的容器內蓋上蓋子，置於冷藏庫保存
❖保存期間	約5日。隨著時間經過表面會變白，不建議長期保存。

2 以刀尖將巧克力的前端捲曲纏繞成環狀花朵形。

3 和1同樣的方式，邊削邊打出60cm細細的摺邊巧克力並捲成環狀，置於中間重疊成兩層。

準備

參考P4「巧克力對溫度的敏感度」，確認室溫。
參照P44所述，在鐵盤上將約110g的巧克力抹成薄片，冷藏變硬之後放回室溫之下備用。

1 以右手拇指對著刀片中間，由外往自身方向邊削邊打出60cm細細的摺邊，動作若不夠迅速，巧克力狀態可能會惡化而無法做出漂亮的皺褶邊。

準備

參考P4「巧克力對溫度的敏感度」，確認室溫。
參照P44所述，在鐵盤上將約140～150g的巧克力抹成略厚的薄片，冷卻變硬後，置於室溫備用。

❖道具	刀子（參照P45）
❖材料	黑色巧克力
❖調和	不需要
❖保存方法	放入保鮮盒或是密封的容器內蓋上蓋子，置於冷藏庫保存
❖保存期間	約5日。隨著時間經過表面會變白，不建議長期保存。

1 左手手指固定在刀尖處，右手拇指緊緊地固定在刀柄約1/3處，右手成90度迴轉即可削下手指與手指之間的長度。

2 開始時，右手拿刀柄的位置略微比左手高一點再削下，較大型的圓錐形巧克力不易自然捲曲成形，此時可以利用指尖將其輕輕壓成圓形。

參考P4「巧克力對溫度的敏感度」，確認室溫。

參照P44所述，在鐵盤上將約110g的白巧克力抹成略厚的薄片。

參照P37以OPP紙製作小形圓錐擠袋，並填入已融化的黑色巧克力。

1

抹成平薄狀的白色巧克力上，斜斜地擠上黑色巧克力線條，置於冷藏庫約2～3小時。

2

置於室溫回到20～22度，刀子對著左端由外往自身方向筆直地削下。

捲成半圓形後刀子即可自鐵盤離開，巧克力皺褶的下半部平整切齊即可。

3

左手手指固定在刀尖處，右手拇指緊緊地固定在刀柄約1/3處，刀子橫向對著鐵盤。

4

手指固定住刀子勿離開鐵盤，由外往自身方向削下，拇指略微施力可使皺褶集中。

5

❖道具	黑巧克力擠袋	刀子（參照P45）
❖材料	白色巧克力 黑色巧克力	
❖調和	皆不需要	
❖保存方法	放入保鮮盒或是密閉的容器內蓋上蓋子，置於冷藏庫保存。	
❖保存期間	約5日。隨著時間經過表面會變白，不建議長期保存。尤其是白巧克力容易吸收味道，要特別注意。	

Variation 變化形

簡單地將巧克力筆直削下
貼合在甜點側面

1 刀子對著巧克力的一端，由外往自身方向略微削下，比甜點高度多加上1.5～2cm作為寬度，筆直地以刀劃下。

2 雙手緊緊地固定刀子兩端，由外往自身方向筆直地削下，剛開始削時容易捲曲狀，可以讓削下的巧克力片通過刀子上方略做調整。

3 將巧克力平整地貼合在甜點的側面，避免產生皺褶（在此以模型代替甜點）。

慣用手的拇指固定後
削下纖細皺褶的
條紋巧克力
成為條紋狀的扇形巧克力

刀削時，將拇指壓住巧克力單側的一個點，該處會擠成皺褶，直至成為扇形後
即可停止，扇形下方不切齊直接裝飾亦可，但是一般都會切齊後才使用，巧克
力越薄皺褶越纖細，太厚會成為過大的波浪狀，在此將黑色巧克力擠袋對準鐵
盤，斜斜地擠出細線，做出條紋的圖案。

只要稍微挪動刀子的角度
即可做出蘆筍穗的巧克力

以粗齒紋路刷
描繪出大波浪狀
即可成為簡單的
波浪巧克力

具有陰影層次之美的扇形巧克力
越薄越能突顯皺褶的纖細

❖道具	刀子（參照P45）
❖材料	黑色巧克力
❖調和	不需要
❖保存方法	放入保鮮盒或是密閉的容器內蓋上蓋子，置於冷藏庫保存。
❖保存期間	約5日。隨著時間經過表面會變白，不建議長期保存。

 準備　參考P4「巧克力對溫度的敏感度」，確認室溫。
參照P44所述，在鐵盤上將約100g的巧克力抹成略厚的薄片，冷藏變硬後置於室溫下備用。

1 左手手指扶著刀尖，右手手指壓住刀柄約1/3處，由外往自身方向筆直地削下。

2 刀削時，刀柄往右上方拉提，讓刀削的角度更深點，前端就會變尖，60cm的鐵盤寬度慢慢削可以完成一根。

刀削

紋路刷描繪

著色

類似蘆筍穗端的巧克力，是在削巧克力的過程中偶爾發現的。只要將刀子的角度稍為挪一點，前端就會變尖，如果覺得有困難的話，剛開始可以將刀子斜切進鐵盤後再削下。黑色的扇形巧克力，皺褶越細陰影越美麗，可顯現出與白巧克力完全不同的魅力。粗波浪巧克力只要以紋路刷描繪出波浪形，若描繪在轉印底紙上，即可做出彩色的波浪巧克力，噴上金粉也非常漂亮。

準備 參考P4「巧克力對溫度的敏感度」，確認室溫。
參照P44所述，在鐵盤上將約100g的巧克力抹成略厚的薄片，冷藏變硬之後置於室溫下備用。

❖道具	刀子（參照P45）
❖材料	黑色巧克力
❖調和	不需要
❖保存方法	放入保鮮盒或是密閉的容器內蓋上蓋子，置於冷藏庫保存。
❖保存期間	約5日。隨著時間經過表面會變白，不建議長期保存。

1 將刀子橫拿，左手手指壓住刀尖，右手手指壓住刀柄約1/3處，由外往自身方向削下，如此一來前端就會成為鋸齒狀，接著拇指用力一拉則會形成皺褶狀的扇形。

2 成半圓形後刀子即可自鐵盤離開，扇形的下半部平整切齊，如果不切齊就使用，也可以呈現完全不同的樣貌。

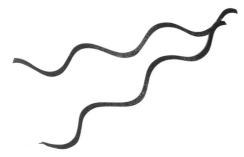

準備 參考P4「巧克力對溫度的敏感度」，確認室溫溫度。
參考P5將OPP底紙固定在工作台上，在此縱向鋪上30×20cm的長方形（可將60×40cm對半裁切成兩等分）。

❖道具	三角形紋路刷（邊長20cm）	OPP底紙
❖材料	黑巧克力 金箔噴霧器	
❖調和	需要	
❖保存方法	連同OPP底紙置於保鮮盒或者是放入密閉的容器內蓋上蓋子，置於室溫保存。	
❖保存期間	18～20度約可保存1個月，夏天在空調25度以下的室內約可保存2週。	

3 噴上金箔噴霧。

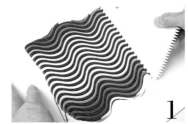

1 底紙的左側倒下所需的巧克力分量，以粗目紋路刷緊壓著巧克力，畫出大波浪形。

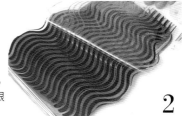

2 置於室溫下變硬後，撕下底紙，再一根根鬆散開即可。

❖ 道具	刀子（參照P45）
❖ 材料	白色巧克力
❖ 調和	不需要
❖ 保存方法	放入保鮮盒或是密閉的容器內蓋上蓋子，置於冷藏庫保存。
❖ 保存期間	約5日。隨著時間經過表面會變白，不建議長期保存。尤其是白巧克力容易吸收味道，要特別注意。

 準備

參考P4「巧克力對溫度的敏感度」，確認室溫。
參照P44所述，在鐵盤上將約100g的巧克力抹成略厚的薄片，冷藏變硬後置於室溫下備用。

1 將刀子橫拿，左手手指壓住刀尖，右手拇指壓住刀柄約1/3處，由外往自身方向削下，如此一來前端就會成為鋸齒狀。

2 接著拇指往外略為用力推，則會形成皺褶狀的圓形。

3 削成花朵的形狀後，將刀子自鐵盤抽離開，趁著尚未軟化之前趕快以手調整形狀，60cm的鐵盤寬度約可以完成一朵花。

Variation 變化形

 準備　和上述相同使用白色巧克力。

巧克力花與緞帶組合
彷彿如勳章般的巧克力裝飾

1 決定巧克力緞帶的寬度後，由外往自身方向切下。

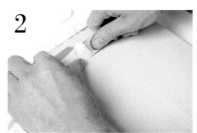

2 以雙手將刀子兩端緊緊地固定壓在鐵盤上，因為剛開始容易捲曲，所以暫時以指尖輕壓剛削起的巧克力帶，使其筆直地通過刀子上方。

3 緞帶兩端切成V字形，白色巧克力比黑色巧克力更容易軟化，因此要加速進行各項作業。

4 趁著仍柔軟時，將其調整成自然的弧形，浸泡過冰水的雙手要將水氣擦乾才有利於作業，定型後立刻放進冷藏庫冷藏。

5 將大、小巧克力花朵重疊組合，放置於緞帶中間的位置即可。

以拇指固定的同時將巧克力
推成圓形的皺褶巧克力

抹成極薄的巧克力，和扇形巧克力一樣的作法將巧克力削成一圈圓形。立體
花形巧克力的中心上，放置紅色水果，小型甜點只繞一圈，大型甜點可以繞
2～3圈，即可以呈現出惹人憐愛且纖細的感覺，可說是非常適用於裝飾的
巧克力花樣。另外，以黑色巧克力也能做出豪華的感覺。

造型生動顯眼的
緞帶形巧克力

噴上金箔的浮雕模型
搭配轉印底紙巧克力的優雅組合

原以為是直接在底紙上描出生動活潑的緞帶,再調整成曲線形,沒想到竟然是先以刀子削出長長的帶狀後,移至其他的鐵盤上,再以手調整彎曲成為質感佳、如緞帶一般的感覺。巧克力若不夠厚的話很容易破損,而且成形時的鐵盤溫度及室溫不恰當的話,也很容易軟化或破裂,因此必須謹慎做好溫度控制,成形後置於冷凍庫冷卻使其安定。

刀削

彎曲

定型

著色

轉印

❖道具	刀子（參照P45）
❖材料	黑色巧克力
❖調和	不需要
❖保存方法	放入保鮮盒或是密閉的容器內蓋上蓋子，置於冷藏庫保存。
❖保存期間	約5日。隨著時間經過表面會變白，不建議長期保存。

 準備　參考P4「巧克力對溫度的敏感度」，確認室溫。參照P44所述，在鐵盤上將約150g的巧克力抹成略厚的薄片，冷藏變硬後置於室溫下備用。

3 將巧克力由外往自身方向筆直地削下，中途停止容易造成斷裂，所以鐵盤寬度60cm請一氣呵成地削下。

1 決定巧克力緞帶的寬度後，將刀子由外往自身方向畫下，3cm左右的寬度完成後效果最佳。

4 兩端削成V字形。

2 以雙手將刀子兩端緊緊地固定壓在鐵盤上，剛開始削下時容易捲曲，可以暫時以指尖輕壓剛削起的巧克力帶，使其筆直地通過刀子上方。

5 趁著柔軟時趕快調整成生動的彎曲狀，塑形後立刻放入冷藏庫冷藏。

❖道具	長度50mm的浮雕模型 L型抹刀（中） 吉他線切割器（28mm、21mm）
❖材料	黑色巧克力　轉印底紙 金箔噴霧器
❖調和	需要
❖保存方法	脫模後置於保鮮盒或者是放入密封的容器內蓋上蓋子，置於室溫保存。
❖保存期間	18～20度約可保存1個月，夏天在空調25度以下的室內約可保存2週。

 準備　參考P4「巧克力對溫度的敏感度」，確認模型及室內的溫度。

參照P29，將黑色巧克力倒入浮雕模型內，變硬後以噴霧器噴上一層薄薄的金箔。

 組合　參照P34將黑色巧克力倒在圓點圖案的轉印底紙上，變硬後再以28mm、21mm的吉他線切割器切割成長方形，浮雕巧克力脫模後，邊緣在溫熱的鐵盤上略微溶化之後，與方形巧克力片黏合即可。

❖ 道具	三角形抹刀 （小）	
❖ 材料	草莓巧克力 約巧克力15%分量的沙拉油	
❖ 調和	需要	
❖ 保存方法	置於保鮮盒或者是放入密封的容器內蓋 上蓋子，置於室溫（20～22度）保存。	
❖ 保存期間	以甜點的保存期限為準。	

參考P4「巧克力對溫度的敏感度」，確認室內溫度。

巧克力調和時加入沙拉油均勻混合，接著參照P44所述，在鐵盤上將約60g的巧克力抹成薄片，置於室溫下變硬。直徑12cm的甜點約需鐵盤削下的皺褶巧克力2.5～3條。

準備

1

三角形抹刀的前端左方以指尖頂著削出皺褶，從自身方向往外下壓削成皺褶狀。

2

指尖頂著擠成皺褶的部分，以三角形抹刀切除約5mm使其整齊。

3

由甜點表面最外緣不留空隙地排列成漩渦狀，長度切齊完成時看起來會更優美。

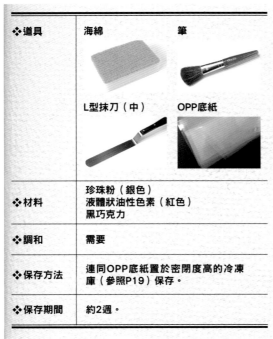

❖ 道具	海綿	筆
	L型抹刀（中）	OPP底紙
❖ 材料	珍珠粉（銀色） 液體狀油性色素（紅色） 黑巧克力	
❖ 調和	需要	
❖ 保存方法	連同OPP底紙置於密閉度高的冷凍庫（參照P19）保存。	
❖ 保存期間	約2週。	

3

將巧克力平均倒於其上3處，以抹刀大約抹三次，使其略微溢出底紙均勻地成薄片狀，隨後連同底紙撕下後，將殘留於台上的巧克力清除乾淨。

4

雙手輕捏著巧克力長條的2端，中間對準冷凍甜點側面緊密貼合。

5

參考P4「巧克力對溫度的敏感度」，確認室內溫度。
參考P5在工作台上橫向鋪上寬度4cm的帶狀透明蛋糕紙。

準備

1

將色素滴在底紙的一端，以海棉較硬的一面，橫向全面均勻地擦開呈線條狀，置於室溫下待其變硬。

2

以平頭筆全面地塗上珍珠粉，完成後請將多餘的粉末去除，勿殘留粉末。

以手指輕壓底紙使其更加密合後，剪掉多餘的部分，解凍後再撕下底紙即可。

小小花瓣由外而內
層層堆疊成為盛開的
粉紅色康乃馨

側面緊緊捲貼著
銀色・紅色緞帶

調和巧克力中加入約巧克力分量15％的沙拉油，可以保有巧克力的柔軟度，置於鐵盤上抹平變硬後，再以三角形抹刀削下，可以做出格外纖細的康乃馨花瓣。未調和的巧克力無法做出如此輕薄的巧克力，調和巧克力在鐵盤上抹成薄片後會立刻變硬，所以削下後不冷卻也沒有關係。貼合在側面的緞帶狀巧克力，使用紅色和銀色，以略有厚度的底紙較不容易產生皺褶，貼合時將甜點放置於自己面前，緞帶懸在空中輕拉開後緊密地包覆貼上，接合處若弄髒的話會特別明顯，所以請注意保持清潔。將此作為慶祝母親節的甜點，非常受到大眾的喜愛。

巧克力瞬間凝固後削下，像揉紙般地
揉成紙團狀，搭配魔法般的大理石紋巧克力

側邊貼上以吉他線
切割器切割成的四角形轉印巧克力

❖道具	L型抹刀（中）	吉他線切割器（28mm）
❖材料	黑色巧克力 轉印底紙	
❖調和	需要	
❖保存方法	連同轉印底紙置於保鮮盒或者是放入密封的容器內蓋上蓋子，置於室溫保存。	
❖保存期間	18～20度約可保存1個月，夏天在空調25度以下的室內約可保存2週。	

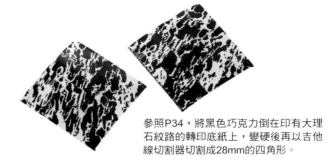

參照P34，將黑色巧克力倒在印有大理石紋路的轉印底紙上，變硬後再以吉他線切割器切割成28mm的四角形。

將巧克力倒在冷凍鐵盤上，塗抹成薄片，瞬間變硬後鏟下，像揉紙一樣揉成團形，所有的動作都必須快速進行，時間是成功與否的關鍵。90年代的歐利威・巴加等法國最先進的甜點師傅們擅長以黑色巧克力創作出如魔法般的裝飾巧克力，在當時蔚為風潮。如今我將大理石圖案的白巧克力揉成圓形紙團狀，整個擺放於甜點中央，側邊貼上切割成四角狀的巧克力，也可以直接將甜點整個包覆起來，以少量的巧克力卻可以做出具有分量的甜點裝飾，為其最主要的特色。

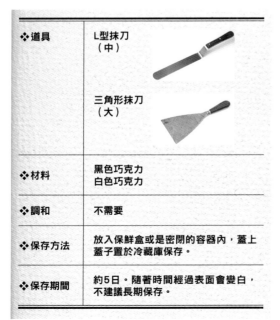

❖道具	L型抹刀（中）
	三角形抹刀（大）
❖材料	黑色巧克力 白色巧克力
❖調和	不需要
❖保存方法	放入保鮮盒或是密閉的容器內，蓋上蓋子置於冷藏庫保存。
❖保存期間	約5日。隨著時間經過表面會變白，不建議長期保存。

3 因為巧克力會瞬間凝固，所以要盡快以抹刀將其抹平成薄片狀。

4 接著速度不要放慢，以三角形抹刀一口氣鏟下直接置於手掌上。

5 依照輕揉紙團的方式快速以手調整成圓形紙團狀，成形後立刻放進冷藏庫冷藏。

準備

參考P4「巧克力對溫度的敏感度」，確認室溫溫度。
將數個鐵盤重疊後，放進冷凍庫充分冷凍備用。

1 將黑、白巧克力溶化後，在白巧克力上擠出細細的黑巧克力，使其成為條紋狀。

2 快速地倒在剛從冷凍庫取出的鐵盤上。

Décor Croustillant

香香脆脆
口感豐富的

烤餅裝飾

Sucre D'Art

充分融合
古典與現代的

糖塑細工

Masse pain

兼具可愛與
優雅的

杏仁膏細工

Nougat et Praline

有效提升香味
及口感的

牛軋糖和果仁糖

　　第二章主要介紹的是以糖塑、烘烤的方式，創造出香脆口感的甜點裝飾，以及利用牛軋糖和果仁糖、杏仁膏等做出的各種甜點裝飾。

　　對法式甜點的裝飾技巧來說，需要更古典、更具有高度技術的莫過於糖塑技巧。首先，基礎練習比什麼都重要，所以請務必專心一致地反覆練習，徹底學會一個技巧後再進行下一個技巧，半途而廢的練習態度，無法有效地提升技術，長期下來，不只是技術層面進步，同時也能磨練感覺及專業的敏感度，當然也就能大幅地擴展表現的內容及型態。

　　另外在這章同時也介紹了如何活用新機能的甜味料來創造出簡單而具現代感的糖塑技巧，並配合不同的目的分別加以運用。

　　薄餅與奶油麵餅等做出的烘烤物，以及堅果做成的牛軋糖及果仁糖，不只在造型上吸引人，色香味及香脆的口感也是能作為強調主題的裝飾，配合甜點的整個平衡感，運用於綜合型式的甜點裝飾。

　　至於杏仁膏的技巧，可先從水果或花朵等物開始練習，再依序進行魚、昆蟲、鳥、四足動物的練習，最後再挑戰人物造型，和糖塑技巧一樣，只要經過勤勞練習的階段，就可以增加製作的樂趣，而且能夠自由地做出精巧的外型及豐富的表情，這一章不只有以往的可愛造型，也詳細說明了優美花朵的作法。

綜合拉糖、吹糖、鑄糖、拔絲
四種技法集於一身的蒙特卡羅天鵝

初學者總是想著要如何著上顏色，事實上只憑光澤定勝負的無
色，反而最適合用來磨練技術，特別是天鵝，整體上都是白
色，光澤感會格外明顯，若要著色則以淡色為主，或完成後以
空氣刷噴上淡色較為恰當。主角天鵝體型較大時，可採用吹糖
的方式製作，這次天鵝體型較小，所以選擇拉糖的技法，天鵝
羽毛則以模型製作，天鵝背後的氣球，是以吹糖方式製作而
成，這次特別重視光澤度，採用和拉糖一樣的材料製作而成。
鑄糖的方式可以表現出分量感，是影響設計非常重要的的部
分，可以和倒在皺褶塑膠紙上或擠出來的材料相互搭配，因為
皺褶的移動而產生氣泡是鑄糖的主要特色。

糖塑的注意點

細砂糖加了小麥粉等異物混合後，
容易產生顆粒狀，所以要善用道具幫
忙，開始沸騰後不離鍋地將渣完全去
除。從開始沸騰到120度之間最容易飛
濺出來，若不及時處理，殘留下來會
成為形成顆粒的原因，因此要不斷地
以水沾溼後的毛刷清除乾淨。

糖吹的汽球

❖道具	剪刀　吹風機　吹糖用充氣幫浦　尖刀
❖材料	拉糖
❖保存方法	放進有乾燥劑且密閉的容器內蓋上蓋子，置於25度以下溼度低的室內保存。
❖保存期間	2～3個月

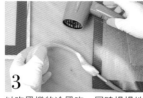

3

以吹風機的冷風吹，同時慢慢地將空氣打入，小心地將膨脹鼓起的部分彎成弧形狀，邊冷卻邊進行作業能夠避免失去光澤。

1

自糖塊拉出適當的分量後剪下，切口儘可能不外露地往內側捲成圓形狀，同時以拇指壓出凹洞，調整成圓球狀。

4

當均勻膨脹鼓起後即可停止充氣，待其冷卻後，在不會碰觸到金屬的地方，以瓦斯槍加熱後切下即可。

2

先將糖塊調整成打入空氣後也不會破損的厚度，以指尖壓出凹洞，手指拔出後將充氣幫浦前端插入少許，幫浦的金屬部分先以瓦斯槍溫熱備用，緊密覆蓋進約一半的長度。

拉糖圈

❖道具	剪刀　模型
❖材料	拉糖
❖保存方法	放進有乾燥劑且密閉的容器內蓋上蓋子，置於25度以下溼度低的室內保存。
❖保存期間	2～3個月

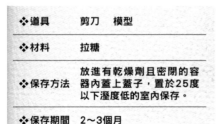

3

將線條狀糖絲捲在圓模型上成圓環形。圓環線圈的大小務必配合甜點的大小來準備。

1

以剪刀夾住約小指頭大小的糖塊。

4

另一端以剪刀剪斷即可。也可以將其繞於指尖使其成捲曲狀。

2

慢慢拉長延伸成線條狀。

◈ 拉糖的準備工作

❖道具 耐高溫烘焙底墊　橡膠手套　保溫燈

❖材料（適合一次的分量）
　水 150g　　細砂糖 500g
　塔塔粉（酒石酸鉀）2.5g　水飴 10g

【作方】

◎熬煮糖漿

1 銅鍋裡依序加入水、細砂糖、塔塔粉後以中火加熱，過程中請將浮於表面的殘渣完全撈除，沸騰之後加入水飴。

2 以強火一氣呵成熬煮。沸騰後鍋面上會產生大量的糖粒渣，要以沾水後的毛刷整個清理乾淨。

3 溫度超過165度時，顏色會略微呈現褐色，熬煮至168～170度時，移至耐高溫烘焙底墊上。

◎利用拉糖呈現光澤感

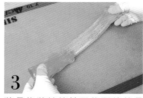

3

將長條狀糖棒拉至約兩倍的長度，兩端再均等地往中間方向重疊折回，動作太急躁可能會因為拉過頭而失敗，所以邊冷卻邊慢慢地拉長重疊即可。

1

進行作業之前，建議戴上廚房用指尖較厚的橡膠手套。當糖冷卻至不會黏手套時，自邊緣往內側一點一點折入。

4

整個冷卻後，將其放在耐高溫烘焙底墊上滾動，不斷重複拉長摺疊的動作即可。整體呈現出如絲緞般的光澤感時，就算是準備完成了。

2

調整成長度20cm，粗細平均的長條棒狀。

◈ 鑄糖的準備工作

❖材料（適合一次的分量）
　水 150g　　細砂糖 500g　　水飴 150g

【作方】

和拉糖一樣的熬煮方式，熬煮溫度為155～160度，不需使用塔塔粉。

◈ 拔糖絲的準備工作

❖材料（適合一次的分量）
　水 150g　　細砂糖 500g　　水飴 150g
　檸檬汁 數滴

【作方】

和拉糖一樣的熬煮方式，熬煮溫度為155度，不需使用塔塔粉，最後滴入檸檬汁即可。

8 將翅膀前端與邊緣部分略微往內側彎曲成弧形，使其呈現優美的線條。

9 翅膀根部以瓦斯槍炙烤後，黏合在天鵝身體左右兩側，加溫時容易破壞光澤度，因此要將瓦斯槍加熱的時間控制在最低限度。

6 製作翅膀。以拇指和食指捏住糖的一小部分用力拉開，根部以剪刀剪成∧型。

7 剪下的部分尖端朝上，放置於貝殼模型裡夾壓成形。

最後調整天鵝的身體部分。輕壓天鵝背部使其略微凹下，將底部整平使其平穩不會傾倒。

3 手捏住頭部，輕輕地拉長為天鵝優美的脖子部分。

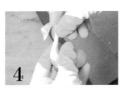

4 脖子拉出較大的弧形，將鵝頭根部彎曲成如低頭般的U字形。

5

拉糖天鵝

1 自糖塊拉出需要的分量後剪下，像揉麵糰一樣地往內側重複揉捏成表面光滑的圓球形。

2 先調整出天鵝頭部的形狀。以指尖輕柔地捏出天鵝尖嘴及天鵝頭部分。

❖道具	剪刀　瓦斯槍 矽膠製貝殼狀模型
❖材料	拉糖
❖保存方法	放進有乾燥劑且密閉的容器內蓋上蓋子，置於25度以下溼度低的室內保存。
❖保存期間	2～3天

鑄糖的背景和心形的底座

❖道具	橡膠手套　矽膠底紙 牛皮紙擠袋　耐高溫烘焙底墊 鋁箔　心形模型
❖材料	鑄糖　沙拉油
❖保存方法	放進有乾燥劑且密閉的容器內蓋上蓋子，置於25度以下溼度低的室內保存。
❖保存期間	2～3個月

氣泡糖		長形環狀糖圈	
心形環狀糖圈		心形底座	

4 牛皮紙做成擠袋後將糖漿倒入，因為溫度很高，一定要戴著手套進行作業。

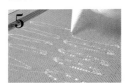

5 擠袋尖端剪出小小的缺口，在耐高溫烘焙底墊上擠出細細長長的環形。

6 從中間開始往左右兩邊擠成心形狀。

7 心形模型內側塗上沙拉油後置於鋁箔紙上，糖漿倒入約6～7mm的厚度即可，冷卻後脫模並將多餘的鋁箔紙小心剪除。

將矽膠底紙揉出細細圓形的皺褶，若要將底部面積擴大必須將皺褶伸展時，可以用迴紋針或夾子固定在鐵盤上。糖溫度過熱會導致流動過快，最好是熄火放置片刻成濃稠狀後，再一點一點地倒在矽膠紙上。

3 形成大大小小的氣泡，部分會成為空洞狀態，冷卻後再將底紙撕下，表面和底面各有不同的光澤，可隨意選擇喜歡的一面使用。

1

2 將鐵盤一側抬高成傾斜狀，讓糖緩慢流動成自己喜歡的樣子。

拔絲帽子

❖道具	鐵盤　耐高溫烘焙底墊 不銹鋼棒子2支　湯匙
❖材料	糖絲
❖保存方法	置於有乾燥劑且密閉的容器內蓋上蓋子，置於25度以下溼度低的室內保存。
❖保存期間	完成後立刻使用

約熬煮至155度時，添加數滴檸檬汁，如此較容易釋出柔軟性，也較容易成形。

1

3 將湯匙拿高約50cm左右倒下，當糖慢慢落下時，少量液體會瞬間變成體積較大的絲狀。

鐵盤上的耐高溫烘焙底墊上像橋一樣架著兩支不銹鋼棒，以湯匙將糖舀起後快速地像鐘擺一樣往下倒，將落下的糖絲來回掛在兩支棒子之間，剛開始落下的糖會混雜著細細的顆粒狀，因此最好先在旁邊準備好的耐高溫烘焙底墊上試驗個5～6回，看看結果如何再正式進行。

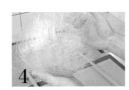

4 兩手迅速將其整形，可隨意調整成束狀、球狀，也可以直接欣賞絲狀的優美。

 組合

1 將心形的底座以鋁紙墊底，再將天鵝的各個部分以瓦斯槍炙熱後，平衡地組合起來，細長的糖圈也是將要黏接的部分炙烤後組合。

2 擺放於甜點中間的位置，最後添加糖絲即可。

吹糖球越完美
就算花瓣稀少
也能呈現出炫爛的華麗感

以糖球作為主角。散發美麗光澤與輝煌的糖球，象徵精神上的安定感及幸福感，非常適合用作於結婚蛋糕。糖球做得漂亮，花瓣即使只有5片，也能夠充分呈現出華麗感，對於苦思於「這種大小的玫瑰究竟要拉出多少片的花瓣才夠」的問題來說，這可說是呈現質量感最有效率的設計方法。空氣刷的分量噴太多會造成糖花潮溼，要特別小心，不要只集中噴於球體的某一部分。鑄糖只要在尖端部分噴濃色即可。細長狀的糖絲，那細長與流動的線條，傳達出特別的緊張感和纖細感。

糖
塑
細
工

吹糖球

❖道具	剪刀　吹風機 吹糖用充氣幫浦　刀子
❖材料	和P66拉糖相同
❖保存方法	放進有乾燥劑且密閉的容器內蓋上蓋子，置於25度以下溼度低的室內保存。
❖保存期間	2～3個月

3

吹風機的冷風一邊吹，一邊慢慢地將空氣打入，邊冷卻邊進行作業能夠避免吹糖失去光澤。

1

自糖塊拉出所需的糖球分量後以剪刀剪下，以指尖揉壓調整成圓球狀。

4

冷卻後，以瓦斯槍加熱後的刀子在糖球根部的位置切下即可。

2

手指拔出後將充氣幫浦前端插入少許，幫浦的金屬部分約沒入2～3cm後緊緊地密合，如果根部要切斷的話，請調整至不會碰觸金屬的位置再進行切斷。

拉糖花瓣

❖道具	矽膠貝殼模型　瓦斯噴槍
❖材料	和P66拉糖相同
❖保存方法	放進有乾燥劑且密閉的容器內蓋上蓋子，置於25度以下溼度低的室內保存。
❖保存期間	2～3個月

3

剪刀剪過的∧部分當作花瓣的底端，以矽膠製貝殼模型夾壓。

1

拇指和食指用力捏下一片花瓣所需的分量，以順時針方向小幅度地轉動，將邊緣拉開變薄成圓形。

4

自模型取下後，為了讓花瓣呈現出自然感，可將其調整出較大的弧形。

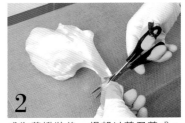

2

成為花瓣狀後，根部以剪刀剪成∧形。

拉糖弦

參照P66「拉糖圈」相同的作法，在此將線的一端繞成生動的環狀即可。

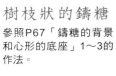

樹枝狀的鑄糖

參照P67「鑄糖的背景和心形的底座」1～3的作法。

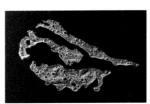

組合

1　花瓣的根部以瓦斯槍炙烤溶化後，一片片黏在糖球的周圍，加溫時容易破壞光澤度，因此要將瓦斯槍加熱的時間控制在最低限度。整體平衡組合後，以空氣刷輕輕噴上蒸餾酒溶化的橙色色素著色即可。

2　鑄糖以瓦斯槍炙烤後重疊黏合在一起作為底座，再黏合同樣炙烤過的花瓣，鑄糖的前端部分，以空氣刷輕輕噴上蒸餾酒溶化的橙色色素，最後黏上糖弦即可。

7 慢慢拉出越來越大的花瓣,邊緣反折的部分也會越來越大,第3圈以後花瓣的位置漸漸往下,一朵10cm左右的玫瑰花約需要25～26片的花瓣。

8 製作葉子。以拇指和食指用力捏下一片葉子所需分量的拉糖,以順時針方向小幅度地轉動,將邊緣拉開變薄成圓形,根部以剪刀剪成∧形。

9 剪刀剪過的∧部分當作葉子的尖端,以矽膠模型夾壓。

10 自模型取下後,為了讓葉片看起來更栩栩如生,可將其調整出較大的弧形。

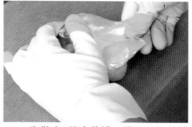

3 先做出3片小花瓣。捏下一片花瓣分量的糖塊,以順時針方向小幅度地轉動,將邊緣拉開成花瓣薄狀。

4 組合時面向外的部分要特別注意,做出角度較大的弧度,花瓣邊緣略微向外側反折。

5 花瓣底部以瓦斯槍炙烤,和花芯黏合。最初圍繞花芯的那一圈花瓣,黏合的位置要比花芯略微高一些,看起來才會優美,加溫時容易破壞光澤度,因此要將瓦斯槍加熱的時間控制在最低限度。

6 接著第二圈花瓣黏合位置也要比第一圈略高,花瓣的大小也會一圈比一圈略微大些,反折的幅度也會隨之變大,如此完成後才會更為生動。

拉糖玫瑰花

❖道具	耐高溫烘焙底墊 橡膠手套　剪刀 瓦斯槍　矽膠製葉片模型
❖材料	和P66拉糖相同
❖保存方法	置於有乾燥劑且密閉的容器內蓋上蓋子,置於25度以下溼度低的室內保存。
❖保存期間	2～3個月

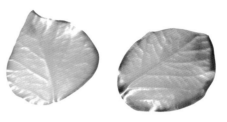

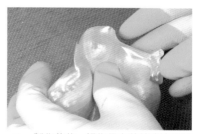

1 製作花芯。拇指用力將糖塊邊緣的一小部分壓入,包覆進凹處,同時將前端捏成尖形。

2 以剪刀剪下約3公分左右的三角形作為花芯,以便將花瓣黏合於周圍。

玫瑰花的作法可說是
基本中的基本
請大家確實地從光澤、塑形
組合方式開始做起吧！

製作玫瑰花也許可以開啟糖塑細工之路，大家不妨也試試看吧！
糖塑的好處就是當其變硬後立刻可以清楚地看出結果，雖然從單
調的作業到成為販售商品為止的基本練習程序，是一段非常耗費
時間的過程，但我想一旦開始投入之後，一定會找到其中無窮的
樂趣。花瓣的拉法和組合的方式可能會因為製作者不同而有不同
的風格，在此介紹的是基本造型，由密度濃密的花瓣組合而成的
大朵玫瑰花，若以營業的角度來考量，可能要先研究如何以少量
花瓣做出豪華美麗的花朵吧！

拉糖弦

參照P66「拉糖圈」的作法，在此不
使用模型而隨意調整出弧形，再將線
的一端調整成生動如藤蔓的環狀。

組合

葉子根部以瓦斯槍炙烤後均衡地重疊
黏合，花朵底部也以火炙烤後黏接在
重疊的葉片上，最後黏合糖弦即可。

Variation 變化形

拉出糖絲
強調光澤度

1 和右頁相同，一邊小幅度迴轉一邊
拉開，脫離糖塊後立刻將花瓣的一
部分拉長延伸，邊緣向外反折的弧
度也要使其寬一點。

2 底部稍微炙烤溶化後，調整長長延
伸的部分，再一點一點地挪開使其
重疊。

海藻糖屬於具有高保濕性，能預防蛋白質或脂肪變質等各種作用的糖類。利用其結晶性強、著色性低的特性，做成白色粉末狀的產品TOREHA（林原商事），用來製作純白色的硬糖。將此產品直接放置於耐高溫烘焙底墊上，只要烘烤幾分鐘即可成形，非常方便，中央若再倒入焦糖，彷彿摩登主義的設計理念，海藻糖的甜度比砂糖約低45％，除味道清爽之外，更能夠享受香脆的口感。

3 完成之後的尺寸大小幾乎不會改變，在此倒過來將平滑面朝上使用。

1 在耐高溫烘焙底墊上等距離倒入海藻糖，圓形或橢圓形可隨個人喜好自由發揮，以170度烤4分鐘至兩面都乾燥而不變色為止。

❖道具	耐高溫烘焙底墊　湯匙
❖材料	海藻糖適量 焦糖【細砂糖 250g、水 75g、水飴 75g】
❖保存方法	放進有乾燥劑且密閉的容器內蓋上蓋子，置於25度以下溼度低的室內保存。
❖保存期間	1個月

4 用湯匙將焦糖倒在一個個海藻糖中央即可完成，焦糖完全變硬後再整個放置於甜點之上。

2 和P66「拉糖的準備工作」中1～2的程序一樣（不添加塔塔粉），熬煮至焦糖色即可。

糖塑細工最適合的環境溼度是20～30％

糖塑的大敵再怎麼說還是濕度。最適合糖塑製作的時間是從12月開始，最多到3月為止，4月開始接近梅雨季，濕度會慢慢變高，所以春天到秋天這段時間並不適合糖塑工作。小型的玫瑰花若和大量的乾燥劑放置於密閉的容器內，則可以保存好幾個月。

像天鵝等大型作品，雖然可以先做小細節部分，再分段進行組合，但要排定製作進度之前，一定要先確認長期的氣象狀態，否則刻意用心做出的光澤度和小細節，組合時若溼度過高會太過濕滑而無法成形。除了小細節部分會失去光澤之外，糖花溶化也會造成黏著面溼滑，甚至會造成重量較重部分滑落的危險。

濕度在20～30％度是最理想的狀態，溼度超過40％就容易發黏，不利於進行糖塑工作，光澤度也會變差。

設計出專業用的工作場合是困難的，所以必須調整濕度時，可以使用數台除濕機調整濕度，在此建議務必調整好適合的工作狀態之後，再進行作業。

純白色的海藻糖
與焦糖的顏色形成鮮明的對比

透明氣泡糖搭配焦糖色金絲裝飾
突顯立體而時髦的前衛風格

普遍被使用的還原糖是低糖度的甜味料，不易造成蛀牙，可說是糖塑細工中不可缺少的材料。
擁有遇熱易溶化、不易焦黑、不易變色及抗濕性強等特性，到目前為止，大型糖塑天鵝裡的鑄
糖部分仍是以還原糖為主流。
透明度比細砂糖高，可以做出如玻璃般明亮清澈的糖塑造型，只要置於耐高溫烘焙底墊上加
熱，細細的氣泡就能輕鬆地產生，這是還原糖的特性之一，其上擠出細細的焦糖後，整個散發
出金黃色的光輝也是另一個焦點。裝飾同樣以糖絲做成的栗子，圓形的栗子泥裹上焦糖後倒吊
著使焦糖自然滴落，前端細長延伸的焦糖，格外能呈現出緊張的氛圍。

糖塑細工

焦糖造型栗子

❖道具	粗金屬鉤　剪刀
❖材料	栗子泥 焦糖【細砂糖 250g、水 75g、水飴 75g】
❖保存方法	放進有乾燥劑且密閉的容器內蓋上蓋子，置於25度以下溼度低的室內保存。
❖保存期間	1日

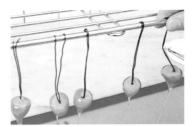

3 金屬鉤的另外一端也折彎，倒吊著使其冷卻。

1 以拇指將栗子泥捏成栗子大小的圓形狀，底部緊緊地插入金屬鉤彎曲的鉤子部分，要避免鬆掉落下。

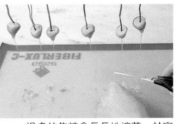

4 過多的焦糖會長長地滴落，於室溫下冷卻後，將多餘的焦糖以剪刀剪掉後取下金屬鉤即可。

2 和P66「拉糖的準備工作」中**1~2**的程序相同（不添加塔塔粉），熬煮至焦糖色後，將栗子泥團整個包裹至底部。

還原糖的糖板

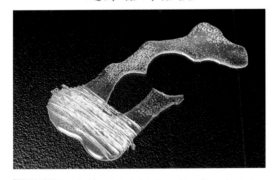

❖道具	耐高溫烘焙底墊　湯匙 刀子
❖材料	還原糖適量 焦糖【細砂糖 250g、水 75g、水飴 75g】
❖保存方法	放進有乾燥劑且密閉的容器內蓋上蓋子，置於25度以下溼度低的室內保存。
❖保存期間	1個月

3 和P66「拉糖的準備工作」中**1~2**的程序相同（不添加塔塔粉），熬煮至焦糖色後，以湯匙拉成絲狀。

1 鐵盤上舖上耐高溫烘焙底墊，取出適當的距離，倒下還原糖粉。

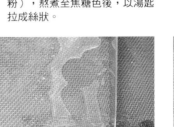

4 變硬後，將多餘的部分以刀子切掉調整形狀即可。

2 以170度的高溫加熱20分鐘左右，雖然完成後的形狀各有不同，在此選擇使用如雲一般的形狀。

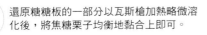

組合　還原糖糖板的一部分以瓦斯槍加熱略微溶化後，將焦糖栗子均衡地黏合上即可。

海藻糖糖板
參照P72相同的作法。

還原糖糖板
參照P75相同的作法,在
此選擇使用細長形糖板。

牛軋乳加糖板
參照P87相同的作法,在
此使用切割成7×18cm的
長方形牛軋糖板。

發揮機能性甜味料
的特性,摩登的主角
搭配古典風甜點
意外激發出耀眼的火花

吸濕性低、不易染色、甜度只有砂糖30%的水飴海
樂糖(林原商事販售),只要放在耐高溫烘焙底墊
上加熱就會冒泡膨脹,成為不規則形的糖塑裝飾。
不管是還原糖,或是海藻糖,都是近年來最受歡迎
的機能性甜味料,為糖塑細工開啟了一個嶄新的境
界。與果仁糖搭配組合,正好與古典風甜點形成有
趣的對比。熬煮的糖漿將杏仁整個包裹住,繼續加
熱使其再次結晶成白色形態,若再繼續加熱使其焦
糖化,又會成為褐色形態,如此靈活運用即可做出
豪華的感覺,非常適合運用於堅果及巧克力系列的
甜點裝飾。

糖塑細工

果仁糖

海樂糖的氣泡糖塑

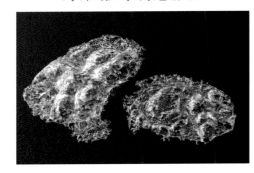

❖道具	耐高溫烘焙底墊　湯匙
❖材料	海樂糖適量
❖保存方法	放進有乾燥劑且密閉的容器內蓋上蓋子，置於25度以下溼度低的室內保存。
❖保存期間	數個月

1 在耐高溫烘焙底墊上取出適當距離，以湯匙倒上海樂糖。

2 以170度的高溫加熱6分鐘，氣泡產生後若立刻自烤箱取出的話，氣泡會破掉，要特別注意。

果仁糖

❖道具	溫度計 木刮刀 耐高溫烘焙底墊 叉子
❖材料	水 20g　細砂糖 70g 烤杏仁粒 100g 無鹽奶油 少許
❖保存方法	放進有乾燥劑且密閉的容器內蓋上蓋子，置於25度以下溼度低的室內保存。
❖保存期間	1個月

組合

以還原糖糖板做為底座，將海藻糖糖板、海樂氣泡糖以及雙色果仁糖，以瓦斯槍炙烤加熱溶化黏合後置於甜點上，牛軋糖板作為最底層。

4 剩餘的一半再次以火加熱混合，糖分又會成為液體狀的焦糖色，若想讓杏仁香滲透到果芯裡，開火後加入奶油整個裏住杏仁果即可。

5 當奶油整個裹住杏仁果後，將其倒在耐高溫烘焙底墊上，趁熱以叉子將杏仁果一粒粒鬆散開來冷卻。

1 將水、細砂糖依序放鍋子裡混合，以火加熱熬煮至115度。

2 將事先在烤箱以170度高溫烤10分鐘的杏仁一次加入，迅速以木刮刀整個混合，一粒粒均勻地裹上糖漿。

3 接著若繼續混合加熱，糖漿會再次結晶成為白粉狀，所以先熄火使其完全混合後再結晶，此時先取出一半的量使其冷卻。

薄餅皮塗上奶油，擠出皺褶後
灑上糖粉烘烤成扇形薄餅裝飾

市售的冷凍薄餅皮，是阿拉伯及法國料理中用於包裹食材烘烤或油炸的普遍材料。因為比春捲皮厚、大，不容易破且容易成形，作為甜點材料也有很大的利用價值，塗上奶油、灑上糖粉後烘烤，可以成為美味且口感佳的甜點裝飾。在這裡雖然擠出皺褶做成扇形，其實也可以捲在模型上做成圓錐形後，中間再填裝水果或奶油等食材，應用非常廣泛。

❖ 道具	毛刷 竹籤
❖ 材料	薄餅皮 1片 溶化無鹽奶油 適量 糖粉 適量
❖ 保存方法	烘烤後立刻食用，不宜長期保存。

6
以160度烘烤約12分鐘成金黃色後，再小心將竹籤取下冷卻即可。

4 以剪刀將大、小扇形薄餅底部多餘的部分筆直地剪齊。

5 並排在鐵盤上，整個灑上大量糖粉。

1 將一片薄餅皮小心攤開後對半切開，其中1/2片再對半切開，以毛刷整個塗上溶化的無鹽奶油。

2 1/4片的薄餅皮，擠出約寬度1cm的皺褶成扇形，皺褶根部以竹籤叉住固定。

3 1/2片的薄餅皮較大，所以皺褶寬度也要寬些看起來才協調，擠出寬度約2cm的縐褶，同樣以竹籤固定即可。

可變化成時髦前衛的風格以及塔派點心的裝飾

　　不易破損且口感酥脆的薄餅皮，是非常適合作為裝飾的材料。

　　因為扇形擠出皺褶必須耗費一些時間，若需要一次大量製作時，可以將薄餅皮數片重疊後切割，烘烤完成後將數片組合在一起作為甜點的裝飾，看起來頗具時髦前衛的風格。另外灑上辛香料或烘烤後仍殘留的砂糖，也非常有趣，也可以烘烤後再灑上糖粉、可可粉等，能夠產生更多不同的變化。因為能長時間保持酥脆的口感，所以非常適合外帶食用。

　　薄餅皮也可以取代塔餅皮使用，折出皺褶鋪在模型裡，多餘超出的部分可以往內側折進去，或是任其直立，強調其飄蕩的感覺，每一種樣貌都可以改變甜點的印象，因為餅皮很結實，就算只用一片也可以營造出紮實的存在感。

準備

捲餅麵糊的作法

1 蛋白攪拌至發泡不殘留角度為止。
2 奶油裡加入糖粉充分混合均勻。
3 將1和過篩的低筋麵粉分成數次交錯地加進2裡，
   混合至不分離的程度即可。

❖道具	厚紙板 耐高溫烘焙底墊 抹刀（小）
❖材料	蛋白（置於室溫）125g 無鹽奶油 125g　糖粉 125g 低筋麵粉 75g
❖保存方法	放進有乾燥劑的保鮮盒或密閉的容器內蓋上蓋子，置於25度以下溼度低的室內保存。
❖保存期間	1週

3 放進170～180度的烤箱中烘烤7～8分鐘，趁熱以發泡器柄將其捲起，只留下前端尖的部分即可。

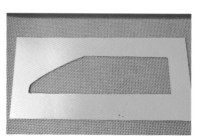

1 將厚紙板切割成前段像刀子、後段像腰帶的板狀紙型備用。

4 捲到一半時，從上方用力壓下定形，取下發泡器柄冷卻即可，在捲的過程中，為了避免剩餘的麵糊變硬，請置於烤箱保溫。

2 將板狀紙型放置於鋪在鐵盤的耐高溫烘焙底墊上，每個角落均勻地以抹刀抹上厚度相同的麵糊。

Variation
變化形

擠出圓形麵糊後，輕敲使其擴展
再烘烤成圓錐形脆餅

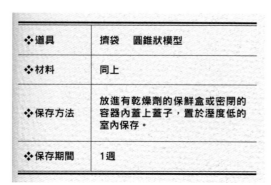

❖道具	擠袋　圓錐狀模型
❖材料	同上
❖保存方法	放進有乾燥劑的保鮮盒或密閉的容器內蓋上蓋子，置於溼度低的室內保存。
❖保存期間	1週

3

置於170～180度的烤箱中烘烤8分鐘至金黃色。

1

以8mm的圓形擠花嘴，在鐵盤上等間隔地擠出3cm大小的麵糊。

4

趁熱將其塞進圓錐模型裡，變硬後脫模即可。

2

邊轉換方向邊輕輕敲打磁磚工作台，使其更為擴大成4cm的薄圓形。

將麵糊刷進板狀紙型
趁熱將其捲成羽毛般的圓形捲餅

彷彿輕飄飄羽毛般的圓形捲餅內放入水果而成的裝飾。雖是以紙板模型做成,若想要完成時形
狀能更正確,請以鐵氟龍紙或耐高溫烘焙底墊烘烤,邊緣線才能明確呈現。相反的,若直接放
置於塗了很多奶油的鐵盤上烘烤,邊緣較薄的部分會變輕,出現纖細的鬆散感,以巧克力描繪
圖案也是很普遍的方式。此外,薄的口感輕脆,厚的口感紮實,分別能夠呈現出不同的食感,
擁有各種不同的可能。

將奶油麵糊抹成極薄片後烘烤
再以三角形抹刀削下的
酥脆奶油薄餅裝飾

咕嚕咕嚕的氣泡
造型獨特的巧克力網狀餅

在鐵盤裡抹上極薄極薄的奶油麵糊，烘烤完成後再以三角形抹刀削下，即能做出像紙
一樣的薄餅裝飾，以生動的皺褶作為背景，不但看起來質感十足，口感也非常酥脆，
出奇地輕盈。奶油薄餅裡如果添加巧克力，也可以改變味道。巧克力網狀餅是在烘烤
的過程中，砂糖加熱膨脹後凝結為麥芽糖狀，表面擁有火山口圖案為其特徵。

❖道具	L型抹刀（大） 三角形抹刀（大） 布質手套
❖材料	牛奶 500g 香草棒 1/2支 蛋黃 10個份 細砂糖 200g 粉末狀奶油 45g 無鹽奶油 17g
❖保存方法	烘烤後立刻使用，不宜長期保存。

奶油薄餅的作法

 準備

1 牛奶裡加入縱切開的香草棒後加熱至即將沸騰即可。
2 蛋黃裡加入細砂糖、粉末狀奶油混合後，倒入1裡充分攪拌混合。
3 再次加熱混合熬煮至呈現光澤的奶油膏狀，咕嚕咕嚕冒泡時再加入固體奶油混合。
4 倒入攪拌盆裡，表面緊密地覆蓋保鮮膜，待完全冷卻後再以細目濾網過濾即可。

3 因為餅皮很薄，作成皺褶狀後，置於常溫下，很快就會變硬。

1 將鐵盤反過來，表面塗抹上膏狀奶油，不需抹油，如果抹了油，烘烤過的餅皮不易形成皺褶狀。

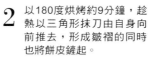

2 以180度烘烤約9分鐘，趁熱以三角形抹刀由自身向前推去，形成皺褶的同時也將餅皮鏟起。

❖道具	溫度計 耐高溫烘焙底墊 擠袋
❖材料	牛奶 50g 水飴 50g 無鹽奶油 50g 細砂糖 150g 可可粉 10g
❖保存方法	放進有乾燥劑的保鮮盒或密閉的容器內蓋上蓋子，置於25度以下溼度低的室內保存。
❖保存期間	1週

3 在鋪於鐵盤的耐高溫烘焙底墊上，以直徑3mm的圓形擠袋密集地擠出直徑約12mm的圓形麵糊。

1 將牛奶、水飴、奶油放進鍋裡開火加熱，約80度時以發泡器混合、同時將過篩的細砂糖和可可亞粉一點點加入混合。

4 以190度的溫度烘烤10分鐘，冷卻後再從網上撕下即可。

2 換成木刮刀繼續不斷地攪拌混合熬煮至106度，降溫至略高於人體的最適當溫度擠出。

不易潮濕
可以大量進貨
並自由應用的
果膠牛軋糖餅

牛軋糖

含有果膠的牛軋糖，因為油脂含量高，抗潮溼力強，容易保存是其主要特徵。可以以麵糊狀態冷藏保存，所以一次可大量採購，只烘烤所需分量即可，非常方便。味道和口感都非常好，可依甜點的類型變換堅果種類或和可可粉混合等，能夠隨意自在的運用。

❖道具	耐高溫烘焙底墊　擀麵棍　圓形模型
❖材料	無鹽奶油 70g　水飴 30g 果膠NH（OG505S／愛國產業）2g 細砂糖 90g　杏仁片 110g
❖保存方法	放進有乾燥劑的保鮮盒或密閉的容器內蓋上蓋子，置於25度以下溼度低的室內保存。
❖保存期間	1週

1 將奶油、水飴以小火加熱慢慢熬煮至溶化。

2 冒泡後熄火，加入果膠和細砂糖混合再次加熱。

6 可以直接以薄片狀態冷藏保存，只取用所需的部分烘烤，在此大約可取下10片直徑5cm的圓型薄片。

5 將**4**倒在耐高溫烘焙底墊上，上面再覆蓋一片耐高溫烘焙底墊，以擀麵棍擀成薄片。

3 以攪拌器由中心部分開始混合，使其慢慢乳化黏稠。

7 圓形薄片並排在耐高溫烘焙底墊上以170度的溫度約烘烤12分鐘，冷卻後再從網上取下即可。

4 將切好的烤杏仁片一次加入，讓黏稠的液體整個包覆杏仁片後，以木刮刀迅速混合。

古典牛軋糖包裹巧克力
呈現出時尚感的現代裝飾

焦糖做成的杯狀容器裡
滿是雙色果仁糖
呈現出豐富而繽紛的感覺

杏仁裹上焦糖後,擀壓成薄片狀的牛軋糖板,這是一道能充分享受堅果特有香味及香脆口感的古典風甜點,也稱為乳加糖,也可以和切細的固體奶油等混合,非常適合做為決定甜點味道的材料。當然用在甜點裝飾上也非常有名,壓碎後沾黏在甜點側邊周圍的方式也非常受歡迎。不管是如何傳統的印象,只要在形狀及顏色上多下點功夫,也可以呈現出現代感。切成正方形、半邊裹上巧克力試試看吧!在此牛軋糖餅和焦糖色的糖塑搭配,裝飾在餅乾甜點上,或直接插在奶油色系的甜點上作為裝飾也非常漂亮。

牛軋糖

糖塑細工

果仁糖

1 將細砂糖、水飴以火加熱，熬煮至淡焦糖色後滴入檸檬汁。

3 全面焦糖化後，將其倒在耐高溫烘焙底墊上，上方再覆蓋一片耐高溫烘焙底墊，以擀麵棍一口氣擀成2～3mm的厚度。

5 將整片正方形餅的一半浸漬於調和巧克力中，取出後置於20～25度的室溫下，變硬後噴上金箔粉即可。

2 將切好的烤杏仁片一次倒入，讓黏稠的焦糖整個包裹在杏仁片，再以木刮刀迅速攪拌混合。

4 變硬後雖然還是可以放進烤箱略微加溫，但為了避免失去光澤，最好是一口氣擀平，切成3cm的四角正方形，剩餘的部分切成碎片即可。

❖道具	耐高溫烘焙底墊　擀麵棍
❖材料	細砂糖 200g　水飴 10g 檸檬汁 3～4滴　杏仁片 120g 黑色巧克力 適量　金箔噴霧 少許
❖保存方法	放進有乾燥劑的保鮮盒或密閉的容器內蓋上蓋子，置於25度以下溼度低的室內保存。
❖保存期間	2～3週

1 和P66「拉糖的準備工作」中**1**～**2**的程序相同，不添加塔塔粉，以180度熬煮至焦糖色後，注滿圓柱模型盤一個個的洞裡。

3 焦糖倒完後，可以將圓柱模型盤對半折起，讓焦糖從洞口流出，使其溢出周圍。

5 以橡膠刮刀的前端，取少量的焦糖在耐高溫烘焙底墊上描出羽毛的形狀或是細長的水滴狀等，置於室溫下變硬。

2 有些可以故意倒在洞口周圍，這溢出的部分變硬後，可以做有效的運用。

4 變硬至某種程度後，趁其還溫熱時，從模型底下施力輕壓，不破壞地將焦糖杯取下，溢出的焦糖也不要破壞，撕下後將其彎成弧形。

❖道具	直徑30mm的圓柱狀模型盤 橡膠刮刀　耐高溫烘焙底墊
❖材料	水 75g　細砂糖 250g　水飴 75g
❖保存方法	放進有乾燥劑的保鮮盒或密閉的容器內蓋上蓋子，置於25度以下溼度低的室內保存。
❖保存期間	1個月

參照P77的方法製作果仁糖。

組合

水滴型和羽毛型焦糖的一端，以瓦斯槍加熱溶化後，均衡地黏合在焦糖容器的外側，容器裡盛裝果仁糖，再和牛軋糖一起裝飾於甜點上即可。

❖道具	耐高溫烘焙底墊　擀麵棍
❖材料	無鹽奶油 70g　水飴 30g 果膠NH（OG505S／愛國產業）2g　細砂糖 90g 杏仁碎片 70g　可可豆碎粒 40g
❖保存方法	放進有乾燥劑的保鮮盒或密閉的容器內蓋上蓋子，置於25度以下溼度低的室內保存。
❖保存期間	1週

5　直接以薄片狀態冷藏保存，需要時只取下所需要的分量烘烤即可。

3　將切細的杏仁碎片和可可豆碎粒混合後一起加入，以刮刀迅速混合使黏稠的液體整個包覆杏仁碎片及可可豆碎粒。

1　將奶油、水飴以小火慢慢熬煮溶化，冒泡後熄火，加入果膠和細砂糖充份混合。

6　切成長方形後排放在耐高溫烘焙底墊上，以170度的溫度約烘烤8分鐘。

4　將4倒在耐高溫烘焙底墊上，上面再覆蓋另一片耐高溫烘焙底墊，以擀麵棍擀成薄片。

2　再次開火加熱，以攪拌器由中心部分開始混合，使其慢慢乳化黏稠。

吹 糖 球

❖道具	剪刀　吹風機 吹糖用充氣幫浦　刀子
❖材料	和P66拉糖的作法相同 糖漿　利口酒 色素（粉紅）　細砂糖
❖保存方法	放進有乾燥劑的保鮮盒或密閉的容器內，蓋上蓋子置於25度以下溼度低的室內保存。
❖保存期間	2～3個月

1　和P66吹糖球的作法相同，以沾溼的毛刷塗抹上薄薄的糖漿。糖漿是將水和細砂糖加熱溶化而成。

2　利口酒溶化色素後和細砂糖混合，乾燥後將1放入滾動裹上糖粉。

表面粗糙不平的牛軋糖
糖球、氣泡糖
構成造型獨特的花朵

加了果膠的牛軋糖是由P84添加杏仁碎片和可可豆碎粒變化而成。如岩石般粗糙不平的表面以及微微的苦味都充滿了迷人的魅力。染成粉紅色的糖球和還原糖板組合成如花朵般的造型，茶色的烘烤甜點搭配粉紅色的裝飾好似讓人覺得衝突，但中層以透明糖板做為調和，反而格外地凸顯出時髦感。

板狀還原糖

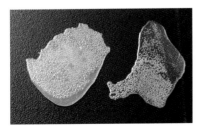

參照P75的程序製作。在此因為作為花瓣用，所以選擇細長形狀。

依照P87裡1～3的程序製作牛軋糖，在此使用切成7×18cm的長方板形。

組合

將甜點主體放置於牛軋糖板上，將調和巧克力印上轉印底紙（參照P34）後切成三角形，黏合於甜點的一角。將鑄糖、牛軋糖、還原糖板和糖球黏合起來成花朵形狀，再將整朵花以調和巧克力黏接在甜點上。

在此使用的杏仁膏為玫瑰粉
紅色、葉子的綠色2色。

❖道具	電燈泡　刀子（參考P45） 葉子切模 矽膠製葉片模型　空氣刷
❖材料	杏仁膏　利口酒 色素（紅、綠、黃）　糖粉
❖保存方法	放進紙箱裡密封，避免高溫及溼 氣，置於20度左右的室內保存。
❖保存期間	2～3週

準備 單純使用杏仁膏會太過柔軟，因此通常會添加糖粉充分攪拌混合使其較為變硬後，加入溶化於利口酒的色素充分揉捏，置於室溫下一晚。綠色的杏仁膏以綠色和黃色色素染色即可。

9

後半部的花瓣黏合位置要慢慢往下移，花瓣的邊緣分成左右邊往外側稍微反折，黏合過程中若花瓣脫落的話，可以用濕布濕潤後再次黏合。

10

最外側的花瓣要使用較多量的杏仁膏作成圓球，與2和3同樣的方式壓成薄狀。

5

製作玫瑰花的中心軸。揉捏一個高約3cm的水滴形備用。

6

花瓣中央以手指縱向輕壓成略凹形，極薄的邊緣部分稍微往外側反折，反折的幅度會慢慢地變寬，完成時才會更自然生動。

7

小片花瓣包覆住花朵軸心，黏合於略高一點的位置，要仔細觀察花瓣的大小，即使只有一點點差異，也要依照順序黏合。

8

小片花瓣黏完之後，位置再稍微往上移一點，開始黏合大片花瓣。花瓣黏合時，不要整片黏死，開始黏時可以黏死，之後可以慢慢黏開一點，看起來才會有美感。

1

將粉紅色杏仁膏揉滾延伸成粗約1cm，長度約50cm的長條棒狀，再切成1.5～3cm小塊狀。

2

以手掌一個個搓成球狀，置於大理石上灑下糖粉後，再以手掌壓薄成直徑約2cm的大小。

3

燈泡對著邊緣部分，沿著邊緣往外側方向按壓延展成薄片狀，按壓的過程中，將燈泡以順時針方向轉動數次，不弄破的前提下盡可能的壓薄，中央部分可以較厚。

4

將刀子從身體前側伸入薄片底下，筆直地往前方削去，即可將杏仁膏薄片削下，注意不要弄破。用於玫瑰內側的4～5片小花瓣直徑約3cm，其他花瓣約4cm即可。

15

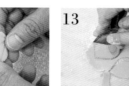

葉片前端部分輕輕地反折可以使葉片更為生動。

16

將紅色及黃色色素溶解在利口酒裡，使其成為橙色後，再以空氣噴刷輕輕地噴上染色，置於室溫乾燥即可。

13

製作葉片。工作台上先灑糖粉，邊緣部分以擀麵棍擀成薄片後，再以葉片模型切割下。

14

放置於包覆著保鮮膜的葉片模型裡夾住，只要壓出葉脈即可不需過於用力，若模型不包覆保鮮膜的話，容易沾黏杏仁膏。

11

以手指輕壓花辦中央使其形成平順的弧度，邊緣反折的寬度也呈現之前所沒有的大膽弧度後黏合即可。

12

黏合完成後，底部以刀子切齊。

荊棘狀的還原糖板

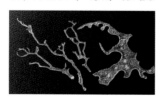

1

和P75的還原糖板相同的作法，蓋上耐高溫烘焙底墊後加熱。

2

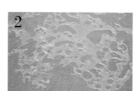

將耐高溫烘焙底墊上溶解後的還原糖上下地彈動，即可成為荊棘狀的模樣。

組合 將玫瑰花放置於甜點上，均勻地添加葉片，選出較完整的荊棘狀葉片插於周圍，再輕輕噴上溶解於利口酒的綠色色素即可。

生 動 的 玫 瑰 花 和 夢 幻 般 的 荊 棘
構 成 華 麗 優 美 的 杏 仁 膏 藝 術 世 界

童話世界中充滿可愛魅力的杏仁膏細工，沒想到在此卻
做出如此華麗優美的作品。玫瑰花花瓣一般都是以塑膠
袋夾著以手按壓成薄片，在此最大的不同在於使用燈泡
進行按壓動作，這種至今仍只有少數人知道的密傳技
巧，可以壓成如真實玫瑰一般的輕薄，前端延展出飄揚
纖細且漂亮的花瓣。以糖塑方式製作玫瑰花之前，若可
以先從杏仁膏細工開始，一定會大有幫助吧！形狀不可
思議的荊棘狀糖，是以耐高溫烘焙底墊夾住還原糖後烘
烤而成。

V ariation

V 變化形

初 學 者 以 塑 膠 袋
按 壓 成 薄 片 的 方 法

1

將杏仁膏捏成一個個小球狀置
於工作台上覆蓋塑膠袋後，以
手掌平壓成花瓣般的薄平狀。

2

比起燈泡按壓的方式略顯厚
些。

圓錐型捲餅裡
填裝奶油及水果

紅、白色混合後，以燈泡壓成薄片狀
再印壓出細微直線，刀片削下後
就是可愛誘人的康乃馨了

因為母親節的到來，大家一定要學會做康乃馨。作法和玫瑰花一樣簡單，只要以擀麵棍和抹刀壓成薄片後，再以燈泡壓出花瓣飄揚的感覺，最後以叉子印壓出花瓣上的細微直線即可。因為是由好幾片花瓣集中成一圈組合而成，如果是小杯狀甜點的話，只要一個花瓣就足夠了。在此以魔術膠泥黏合也能夠呈現出可愛的裝飾，圓錐形的捲餅，比P80的捲餅略厚一點，不需要用紙板模形，直接壓平後烘烤即可。

❖道具	擀麵棍　抹刀（小）　燈泡 叉子　刀子（參照P45） 35號或40號的濾網
❖材料	杏仁膏　利口酒　色素（紅色） 真空冷凍莓粉
❖保存方法	放入紙箱內蓋上蓋子，避免高溫及溼氣，置於20度左右的室內。
❖保存期間	2～3週

在此使用的杏仁膏有粉紅色、白色兩種。

準備

杏仁膏直接使用太過於柔軟，所以必須添加糖粉後攪拌混合使其略硬，再加入溶化於利口酒的色素，充分揉捏後放置於室溫一晚。

11

將小指頭大小的白色杏仁膏揉捏成球狀，排放在濾網上以拇指用力擠壓。

8

削下的薄片狀，擠出寬度平均的皺褶做成花瓣。

7

將刀子斜削入薄片的一端，小心地推移滑動，從大理石台上削下。

4

再以燈泡向外側拉壓出更薄的片狀，同樣的動作重複兩次直到看不出邊緣原來的樣子為止。

1

準備粉紅色及白色杏仁膏各約60g，以手掌搓滾成兩色互相交纏，粗細平均的繩索狀。

12

將濾網倒翻過來，刀子沿著濾網表面將擠出的杏仁膏削下排放於抹刀上。

13

以細目濾網篩上真空冷凍莓粉。

9

聚集數個花瓣，手握住上下的中間部分使其黏合，重要的是細心觀察皺褶的方向，組合出最美的方向。

5

最後再以叉子拉出直線條，呈現出飄揚的感覺。

2

將繩索狀長條切成一半，一半以擀麵棍壓成平薄的直條狀，使其長度約為原來的一倍，另外一半為了避免乾燥，請以保鮮膜覆蓋保濕。

3

將抹刀斜斜對著長條薄狀的一側，往外側下壓與大理石台面摩擦延伸成薄薄的片狀。

參照P80以麵糊作出圓錐型捲餅。

10

用力握住正中間下方的位置，將上半部的花瓣往外側翻開，將刀子切入略微整理後即告完成。

6

將沒有壓薄的另外一側切齊，整片寬度約為7～8cm。這一側若沒有某種程度的厚度，組合起來無法呈現出立體感。

組合

圓錐型捲餅裡裝填入奶油和覆盆子莓，再與網壓過濾出來的杏仁膏呈放射線交互地擺放裝飾，中央擺放康乃馨即可。

試著做出
聖誕老公公
體驗杏仁膏中
難度最高的
人體表現吧！

將頭部、上半身與下半身三個部分分開做好之後再黏合起來。如果對於聖誕老公公的造型沒有特別靈感的話，可以參考一些書籍資料後，選擇一個自己喜歡的造型模仿複製，藉著模仿可以鍛練自己的觀察力，等到連細節都可以觀察入微時，一定可以發揮出屬於自己的創意。聖誕老公公給人的印象就是胖胖的身體和雪白的鬍鬚，我做的聖誕老人有著禿頭和白眉毛，表情有如趕路途中稍微休息且露出「真有點累啊！」的感覺。

準備 杏仁膏直接使用太過於柔軟，所以必須添加糖粉後攪拌混合使其變硬，再加入利口酒溶化的可可亞粉，再添加各自所需的色素後充分揉捏，置於室溫一晚。深紅色色素容易染到手上，最好是戴著手套進行揉捏。

在此使用的杏仁膏有茶色、紅色、白色以及紅黃混合而成的膚色4種顏色。眼珠子以蛋白糖衣和巧克力做成。

2
腰揉捏成粗形，雙腳平均延伸，使其坐在小小的台子上，輕壓背部斷面使其出現凹洞後以便接合，雙腳略微盤起。

1
將紅色杏仁膏揉捏成上半身用的3cm、下半身用的3.5cm圓球形，以手掌拇指下方膨脹的部位將下半身用圓球揉轉出老公公腰身的弧度，總長度約13cm並做出兩隻腳。

❖道具	杏仁膏棒　固定人形的小型台子 杏仁膏用滾筒棒　圓錐模型（參考P37） 矽膠製貝殼模型　水滴型模型切割器
❖材料	杏仁膏　利口酒　可可粉　色素（紅、黃色） 蛋白糖衣　黑色巧克力 ＊搭配黏合用糖漿
❖保存方法	放入紙箱內蓋上蓋子，避免高溫及溼氣，置於20度左右的室內。
❖保存期間	2～3週

20

眉毛和八字鬍作法一樣略短些黏在眼睛上方。下顎鬍鬚底下可以夾住保鮮膜團避免變形。

21

眼凹處擠出蛋白糖衣（蛋白、砂糖、檸檬汁混合成的膏狀體），置於室溫下待其變硬。

22

製作鞋子。將1.2cm的茶色杏仁膏揉捏成球狀圓形，和腳接觸的部分以球狀棒子壓出凹陷。

23

將腳的前端黏合在鞋子凹陷處，在完全乾之前以保鮮膜團固定住避免晃動。

24

製作手掌。將1cm大小的膚色圓球狀杏仁膏揉捏成橢圓蛋形，再以杏仁膏棒子下壓先做出拇指。

25

反過來以棒子小心地畫出一條條直線作為手指。

15

以膚色杏仁膏做出6mm長的耳朵黏在頭部兩側，以尖頭棒子在耳朵上壓出耳孔，接著以同樣的方法黏接其他細節的部分。

16

製作下顎的鬍鬚。以麵棍將白色杏仁膏成薄片，再以水滴形切割模型切出水滴形狀，尖端部分朝上，覆蓋保鮮膜後以貝殼模型夾住，輕壓出直線條。

17

以水滴模型圓弧處將鬍子底部切割出圓弧形，完成後看起來會更生動。

18

將膚色杏仁膏揉捏成圓形做成鼻子黏接在臉上，鼻子正下方黏上鬍子，以尖頭棒子在鬍鬚中間開個口作為嘴巴。

19

製作兩根長長翹翹的八字鬍。將少量白色杏仁膏放在手掌心，以指頭揉轉成一端尖，一端圓的弧形黏在鼻子下方。

9

將白色杏仁膏置於灑了糖粉的大理石上，以杏仁膏專用棍壓出凹凸紋路，長度延展成15cm左右。

10

切下寬度約7mm的帶狀作為腰帶用，好像包捲在外側一樣地繫在腰部一圈。

11

再切下長度較短，寬度約4mm的帶狀杏仁膏，沿著胸腔中線貼在胸前。

12

胸前中線黏貼上如鈕扣大小的圓形杏仁膏，以尖頭棒子在鈕扣上戳出兩個小洞。

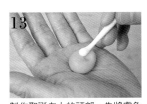

13

製作聖誕老人的頭部。先將膚色杏仁膏揉捏成像蛋一樣上圓下尖的圓形作為頭部，再以小的球形棒子壓出兩眼的凹洞。

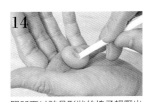

14

眼凹下以弦月形狀的棒子輕壓出一道皺紋。

3

上半身手腕部分，略微比腳細長些，寬度和腰一樣厚實，前端略成尖細狀。

4

胸腔部分以拇指根部膨脹之處輕壓，使其平坦。

5

手指伸入腋下調整形狀，同時將手腕伸長取得平衡感。

6

將上半身嵌入下半身斷面的凹洞裡，輕壓使其黏合。

7

脖子部分以球狀棒子輕壓出凹洞。

8

動作進行中若會觸動到手腕等部分時，可藉著夾著團狀保鮮膜助其固定。

32

取少量以細目濾網擠出的白色杏仁膏黏在帽子頂端。

30

帽子以紅色杏仁膏，配合頭部的大小揉捏成圓錐形狀，再以圓頭形棒子壓出凹洞以便於黏合。

28

雙腳腳臂上也擠出白色直線條的蛋白糖衣。

26

和9相同的白色杏仁膏筆直地切齊成條狀後，黏合在手腕上。

33

上半身的凹洞裡擠入蛋白糖衣，將頭部放置上去黏合即可。

31

將白色杏仁膏以兩根指頭夾住搓成細長繩狀，沿著帽子周圍繞一圈黏合之後，多餘部分切除即可。

29

以擠袋擠出蛋白糖衣和調和巧克力，待其冷卻變硬後即成為眼睛。

27

手臂上擠出直線條狀的蛋白糖衣。

組合 將聖誕老公公置於周圍黏滿馬卡龍及蛋白霜的甜點上，再添加糖絲做成的帽子（參照P67）即可完成。

Pâtisserie Tadashi YANAGI

甜點師傅　柳正司

創新甜點能力
升級術

　　對於致力於朝向法式甜點界發展的柳正司來說，技術革新和食譜研究都是重要的課題。

　　2007年夏天於知名的丸井海老本店，特別設計出理想的專業工作室，以逐漸強化生產新式甜點的機能。

　　目前只有八雲店和丸井海老名店兩處設有直接販售的店面，以生菓子為主，從烘烤、糖漬到蜜餞等甜點，林林總總，一應俱全，但是各家店鋪仍擁有各家店鋪的獨特限定商品。

　　像小型甜點中的「白色貴婦」和「慕斯巧克力」，以及只有周末才出爐的塔派或硬麵包系列，只限定於八雲店。丸井海老名店則致力於女兒節的展示蛋糕、男兒節的鯉魚蛋糕捲等節慶甜點。

　　最近最受歡迎的是兩家店都有製作的棉花糖，不使用蛋白，只用細砂糖、水果泥、吉利丁為材料，輕飄飄的輕盈感，放進口中「啾一」地一聲就融化了，可說是YANAGI的主打甜點。水果泥的熬煮程度、吉利丁混合後的發泡情況等，只要稍有差異，做出來的口感也完全不同，可說是研究室裡不斷研發之後的自信之作，有草莓、黑醋栗、百香果三種口味，人氣正不斷上升中。

八雲店的助理們。

丸井海老名店的助理們。

搭乘東急東橫線，距離都立大學徒步只要5分鐘，位於目黑大道上的八雲店。

工作室助理以及女店長（中間者）。

Pâtisserie Tadashi YANAGI

◎八雲店
地址：東京都目黑區八雲2-8-11
電話：03-5731-9477　FAX：03-5731-9478
營業時間：10時～19時　公休日：星期三

◎丸井海老名店
地址：神奈川縣海老名市中央1-6-1
丸井海老名店1F
電話：046-232-0101（代表號）
營業時間：10時～20時
公休日以丸井為準

器具、材料之徹底研究

為了讓裝飾效果更為突出所必備的器具及材料，在此以本書所使用的器具與材料為主，逐一做詳細說明。

文・取材　高橋昌子

巧克力裝飾

從極薄的片狀到立體造型，可自由改變形狀的巧克力，可以依據技巧和使用器具的不同，做出你所想要的時尚、華麗、豐富而多樣的裝飾，更可充分發揮甜點師傅的個性及創造力。

不只有白、黑、乳色巧克力，還可以隨意改變所需的顏色

法文中有「覆蓋」之意的高可可脂巧克力，最適合用於甜點及酒心巧克力的裝飾，製造過程中添加7～10%的可可脂，可提高溶化後的流動性。

在國際規格中含總固體可可亞成分35%以上、可可脂31%、固體可可亞2.5%以上才能稱之為高可可脂巧克力。

想要呈現巧克力獨特的色彩時可使用甜巧克力或牛奶巧克力。甜巧克力是由含不添加乳製品的可可亞40～60%而作成的黑色巧克力（本書統稱黑色巧克力），也稱為苦味巧克力或純巧克力。

牛奶巧克力主要是由全脂奶粉、脫脂奶粉、膏狀奶粉等乳製品混合而成，含多種顏色及香味的巧克力，只使用可可脂，混合在白色巧克力中添加食用色素，即可做出有色巧克力。例如添加紅色就可以做出深紅色巧克力。

此外，若想要在顏色及口味上做變化時，可以使用白色巧克力，添加食用色素做出喜歡的顏色，也可以利用已經添加了顏色及香味的既成品。

總公司位於瑞士蘇黎世的BARRY CALLEBAUT總公司，在1996年時，由比利時的CALLEBAUT公司和法國的KAKAO BARRY公司合併而成，從供應可可豆到最後的完成品一貫生產，可說是世界最大的製造公司。

巧克力因為含有大量油脂，很容易感受到氣溫和濕度的微妙變化，高溫潮濕的環境會導致品質惡化，因此請置於氣溫16～18度、溼度60%的狀態保存。

根據柳正司先生的說法，作業環境於室溫20度左右，溼度60%以下為最理想的工作環境。

以密閉或真空包裝來避免酸化並保存於冷藏庫，從冷藏庫取出後，如果立刻拆封的話，會因為溫度差異過大而在表面冒出水滴導致品質惡化，建議先在室溫下回溫後再拆封。

力，即可添加顏色及香味。

有粉紅色的草莓口味和綠色的檸檬口味兩種，因為是薄片狀，所以可以省下削薄的手續，非常方便，水果口味是主要特徵。保存期限為製造後12個月（輸入・販售／前田商店株式會社）。

在視覺和口感上添加變化的 可可豆碎粒

將巧克力的原料可可豆，經過發酵之後乾燥，透過烘烤引發出香味，經過粗磨去掉外皮，即稱為可可豆碎粒，廠商會各自選擇豆子後，在烘焙方法上花盡心思。

在糖塑細工上，會隱隱約約呈現出茶色的顆粒感，能有效引發食用者的興趣，此外可可豆獨特的苦味及香氣可讓齒頰留香。

法國WEISS公司所生產的可可豆碎粒，保留了可可豆原來的香氣及適度的苦味，香脆的口感為其特徵。保存期限為18個月，請保存於溫度16～18度、溼度60％以下的場所。不零售販賣（進口・販售／法國F&B店株式會社）。

適度的苦味、口感合諧的可可豆碎粒。

使巧克力易於 擀成薄平狀的 可可脂

佔整體可可豆成分53～58%的淡黃色植物性油脂，常溫下呈固體狀，溫度28度左右會變得柔軟，超過35度則會完全溶化成液體狀，因為此種特性才得以做出巧克力的獨特滑順及入口即化的口感。

調和巧克力時加入可可脂，可有效地使作業更容易進行。

由月岡株式會社所生產的噴霧式可可脂「De・Ra・Kakao」，分成透明色及巧克力色兩種。

在模型裡噴入透明的「De・Ra・Kakao」之後，再倒入溶化的巧克力，待其變硬後，模型和巧克力之間會形成一層可可脂薄膜，使脫模更為容易。

而巧克力色可可脂噴在完成後的甜點上，可以得到完美的效果。

還有未著色的可可脂，可用於溶化油性食用色素。

在BARRY CALLEBAUT公司，由KAKAO BARRY和CALLEBAUT兩大商品中，研發出稱為「Mycryo」微粒粉末狀的可可脂，但產品的成分、效能、包裝都沒有改變。

這是專為了簡化調和工作而開發的產品，使用上比起固體狀的可可脂更方便，對於失敗率高的少量巧克力來說，特別能發揮效果，而粉末狀的可可脂，容易溶化、延展性佳，能夠輕鬆地抹出漂亮的平薄狀，加上本身無味無臭，不會改變素材原有的味道是其主要優點。

請保存在乾燥的陰涼處（15～20度），拆封後盡可能早日用完（輸入・販售／前田商店株式會社・日法商店株式會社）。

與溶化的巧克力混合或灑在糖塑細工的巧克力中，即可添加顏色及香味。

著色或裝飾時使用的可可粉

各個品牌精選出可可豆後，無不用盡心思烘焙，使其散發獨特的色、香、味，顏色從略帶紅色到接近黑色的深紅色，色彩豐富而多樣化。

搭配杏仁膏，不只可以混合出自然的色彩，吃起來也非常美味，若要灑在甜點及慕斯上時，最好選擇不會釋出水分及油份者較佳。

上圖為粉末狀可可脂「Mycryo」，右圖為噴霧式可可脂「De‧Ra‧Kakao」

出外輪廓較厚而內側較薄的長橢圓形裝飾。

要在烘烤後的派皮表面塗抹巧克力或奶油時，使用接近手把部分呈階梯狀的L型抹刀較為方便，也稱為彎曲型抹刀或曲柄抹刀。

三角形抹刀用於將平薄的巧克力削下做成木屑卷葉形狀時使用。

自左而右分別是三角形抹刀、L型抹刀、平板抹刀。

這三種款式的抹刀，各廠商都有不同的尺寸，主體材質為不鏽鋼，握把部分為木製或塑膠製。在此建議最好是根據目的，選擇適合自己手的尺寸來使用。

刀尖部分柔軟且易於使用的軟尖刀

平薄地抹在大理石或鐵盤上的巧克力，必須以軟尖刀削取下來，根據刀刃的方向削取下來，根據刀刃的方向以及對準的角度，可以做成帶捲度的緞帶、扇形、花瓣以及對準的角度，可以做成。

靈活運用於塗抹、削切的各式抹刀

將溶化的巧克力塗抹於底紙或鐵盤上時使用。

抹刀前端沾取已溶化的巧克力，在底紙上呈水平下壓後，往自身方向一拉，可做出連枝葉片的裝飾圖案。

此外，若不往自身方向拉，而往上垂直拉起，可做出連枝葉片的裝飾圖案。

使用刀尖柔軟且易使用的刀子，可以平順且輕鬆地進行削下的作業。比起使用較硬的刀子，對手及手腕所造成的負擔減輕很多，對於作業的進行，不但增添了靈活度，裝飾出來的結果也非常優美。刀刃柔軟的刀子，各廠商都有販售，也就是所謂的「軟刀」。

三角形狀的稱為三角紋路刮板，以拖曳時手停住的地方會形成巧克力堆滯的現象，而成為在線條間產生空隙的圖案，可因為角度的調整或移動的方式而做出獨特的裝飾巧克力。

本書中這種描繪圖案的刮板都以柳師傅為主，一律以法文發音統稱為紋路刷。

等形狀。

一次同時使用好幾個，也可以一個個分開使用。還有，也常被拿來做為包裝產品的材料。耐熱溫度為120度、厚度約0‧02～0‧06mm。

耐熱性及耐油性均佳，因此也常被拿來做為包裝產品的質地強韌、光澤度與透明度均佳的PET底紙，最主要是用來包捲外帶的甜點或慕斯的側邊周圍，作為保護用。位於大阪市的NANIWA紙業公司也接受這種底紙的創意設計及商品販售。

能描繪出直線條或波浪狀的紋路刷

大部分的材質為塑膠或不鏽鋼，有三角形和長方形兩種。三角形的三個邊，以及長方形的兩個邊上，都附有粗細不同的齒目，其長約10cm的小長方形，兩邊以及短的一邊三處都有齒目的款式。

輕輕地對準抹在甜點上的奶油，筆直不移動的直線形，若前進時上下移動則可做出等寬的波浪狀線條。

同樣地將溶化後的巧克力倒在底紙上，再以裝飾用紋路刷筆直拉下即可畫出直線圖案。上下移動同樣可以做出波浪形圖案。用這種條文圖案作為裝飾，同時使用好幾個非常有趣，即使只用一個，也能呈現出完全不同的感覺。

只要一支即可以描繪出不同圖案的木紋路刷

利用三個邊粗細不同的齒目，可以描繪出三種不同圖案的三角紋路刷。

專為了在甜點上描繪出木式各樣的圖案而設計的紋圖案和直線圖案，可直接稱為木紋刷，也可以稱為木紋印模。

尺寸大約為手能握住的大小，中央有握把，兩側為印有圖案的同心圓立體凹凸圖案，可以在巧克力上印出如木紋般的圖案。

相反的一面是細細的齒梳狀，用於描繪細細的圖案，若在溶化後的巧克力上筆直地拖曳的話，可以做出等寬的直線圖案，上下移動的話，也可做出波浪的圖案，依照U字型移動，可做出如窗簾般有皺褶的圖案，可以。

能推出極細緻線條的碗盤洗淨用海綿

在底紙上滴下巧克力專用色素後，以海棉輕輕推抹，可以形成如毛毛細雨般帶有細緻線條的圖案。碗盤專用的海綿，因材質不同紋路粗細也不同，可以分別做出各式各樣的圖案，海綿推抹的方式不同，就可以描繪出完全不同的圖案。

使用後只要將海綿仔細清洗乾淨，使其確實乾燥，保管時注意衛生即可。

抹平巧克力不可缺少的底紙類

要將溶化後的巧克力抹平，不管是使用抹刀或是以手指塗抹，都不可缺少透明、柔軟性及強度俱佳的底紙類。

經常被使用的就是OPP底紙了，以聚丙烯合成纖維作為原料，無論是透明度、光澤度、防濕性、耐水性、YD底紙是由透明的鹽化。

位於東京合羽橋的吉田甜點器具店，為了考慮使用上的方便性，和製造商以及器具製造者不斷研究開發具有創意的甜點器具種類。

YP底紙是以尼龍為主要的原料，比起以往的底紙，柔軟性極強、韌性更高為其特徵。溶化後的巧克力抹平之後，可以連同底紙一起移動，即使放置於彎曲面上，巧克力也不會產生褶痕。

因為柔軟而有彈性，容易形塑為立體的造型，可以將巧克力塑抹在內側後，可以揉捏成包子皺褶的造型，被公認為最容易使用的底紙，聽說很多來自法國的甜點大師們，都特地來訪合羽橋指名要買此產品帶回法國。其耐熱溫度為100度，耐冷溫度為零下19度。

樹脂製作而成，表面具有四角形狀等模型孔穴，孔穴的內側不會產生不平曲線，因此可以做出邊緣線平滑的圖案。

YP底紙上重疊擺上YD底紙後，將溶化後的巧克力抹平於其上，略微變硬後將YD底紙撕下，再從上方倒下白色巧克力，即可做出黑白相間的格紋圖案，也可以用於裝飾用的奶油。

能做出漂亮邊緣圖案的YD底紙。

巧克力冷卻變硬後，會產生少許的收縮現象，如果底紙不具伸縮性的話，巧克力會產生皺褶，但弦狀底紙會和巧克力一起收縮，因此不易形成彎曲或皺褶現象（輸入・販售／JAPAN FOOD & LIQUOR ALLIANCE食品販售株式會社Arcane事業本部）。

和巧克力，以及製作酒心巧克力時，接觸底紙的一面會產生光澤，完成後更優美。因為巧克力撕下不容易，即使抹的極薄極薄也不易破損，是此種底紙的優點之一。

配合聖誕節或情人節等特殊節日設計圖案，也接受創意設計的製作。不接受一般的零售（輸入・販售／法國F&B日本株式會社）。

圖案及色彩種類豐富的轉印底紙。

立體圖案的底紙，可以做出酒心巧克力的立體外表。

「pusteuriser77」可以放心地添加在食品中。

本身具有導火性，因此使用上要避免靠近火源或在火氣旺盛的室內大量使用，同時也要避免存放在高溫的場所。

要特色。體積輕巧不佔空間，只要像洗餐具一樣清洗乾淨晾乾即可，收納也非常方便。吉田菓子器具店所研發生產的巧克力模型接受訂製。材質為塑膠（ABS樹酯），因為需要開模，所以需要開模費，至於費用則依照設計而有所不同，即使一個也接受訂製。

巧克力專用的 弦狀底紙

法國的DGF公司所生產的巧克力加工用塑膠底紙稱為弦狀底紙。

溶化的巧克力抹平後，覆蓋上弦狀底紙使其成為上下夾住的狀態，在巧克力完全變硬之前，從弦狀底紙上以刀等切出喜歡的形狀時，只會將巧克力切斷而不會切到底紙，非常強韌不易破損。

另外，在底紙上抹平的調和巧克力，非常強韌不易破損。若說到轉印底紙豐富多樣的設計，就必須提到法國的PCB公司。

能輕鬆轉印圖案 或文字的轉印底紙

藉著透明底紙上染色後的可可脂，可以輕鬆地轉印出各種圖案以及文字的轉印底紙。

在轉印底紙上均勻抹上平薄的調和巧克力，當硬度不致沾黏手指頭時，即可切成自己喜歡的形狀，或以切割模具取下，待完全變硬後再將底紙撕下。

因為圖案花樣容易脫落，拿取時要特別小心，要特別注意不要屈折。

PCB公司所生產的立體狀底紙，有方格狀圖案以及如鯉魚皮紋般的圖案等12種，可以重複使用（輸入・販售／法國F&B日本株式會社）。

能印出立體圖案的 立體狀底紙

帶有各種砂礫或凹凸狀立體圖案的底紙，原本是用於酒心巧克力或夾心糖的加工裝飾，將調和後的巧克力薄薄地塗抹在底紙上，待其變硬後，表面就會呈現立體圖案。

此產品是非基因改造的蔗糖和釀造用的酒精合成，為防止水中不純的物質而使用純度極高的純水，再配合綠茶中提煉出來的高纖度兒茶素，因此可以長時間保持殺菌抗菌的效果。

因為是政府審核認可的食品添加物，因此可以直接噴在甜點、水果、生魚片等食品上使用。

對於手部或製作甜點、調理等器具類的除菌、抗菌、防臭上也非常有效。

讓底紙和工作台 緊密貼合的 殺菌用酒精

為了避免OPP等底紙產生皺褶、脫落，必須在工作台面上噴殺菌用的酒精，讓底紙和工作台緊密貼合。

易株式會社所生產的東京・澀谷區多弗洋酒貿易「pusteuriser77」，擁有超強力的殺菌效果。

各種尺寸 及色彩應有盡有的 巧克力切割模具

單一模型可以組合成立體的混合式模型，不管是哪一種，通常尺寸較大的一片一片一個模型，尺寸較小的一片上可同時並列數個同樣的模型。

設計非常豐富且多樣化，材質為耐熱、耐老化效果佳的塑膠（聚碳酸酯Polycarbonate）或食品專用氯乙烯等。

用的模型就是花朵系列造型，以黃銅製造，在較厚的黃銅材質上刻有立體的花朵及葉片圖案，附有握柄，表面塗抹巧克力或麥芽糖漿，即可快速冷卻並輕鬆脫模。

法國製的模型大都是像天鵝模型一樣的大型尺寸，為了符合多數甜點師傅的要求，吉田菓子器具店特別製作生產了約比一般模型小1／2的小型花朵模型，供小型甜點或小杯型甜點使用。

將其置於冷藏庫、冰水或乾冰中充分冷卻後，將水分確實擦拭乾淨，再塗抹巧克力或糖漿，待其變硬後即可脫下作為裝飾。

法國DEMARLE公司所生產以矽膠和玻璃纖維作成的軟式模型FLEXIPAN，原本於烘焙時使用，因為脫模容易，所以也可以作為巧克力模型（輸入・販售／日法商事株式會社）。

可能使用溫度從250度到負40度，溫差幅度大、脫模容易以及不易損毀為其主要特色。

在研發中心所使用的PET樹酯底紙，燃燒後不會釋放出有害的氣體，即使直接接觸食品也能夠安心使用。

比原來尺寸小，用途更廣泛的黃銅花朵模型。

將ＰＥＴ樹脂底紙切成適當的大小，放置於兩片一組的糖塑用矽膠葉片模型上，以專業用的吹風機加溫，只要溫度超過耐熱溫度２００度，即會開始變軟，此時將兩片一組的另外一片葉狀模型上方壓下覆蓋，冷卻脫模後將多出的部分剪掉，ＰＥＴ樹脂模型就完成了。在模型上塗抹溶化後的巧克力，冷卻變硬後，即可做出獨特的裝飾模型。

能做出立體巧克力圖案的組合式模型。

吉田菓子器具店獨特設計的模型。

溶解於可可脂後使用的 油性食用色素

通常食用色素不管是油性或水性，都是呈微粉末狀，所以也稱為色粉。

油性食用色素專用於油性色，顏色有草莓（紅）、蛋黃（黃）、橙色、白色、藍莓（藍）、綠色６色（進口‧販售／法國Ｆ＆Ｂ日本株式會社）。

可以根據加入的分量來調整顏色的濃淡，也可以混合調色做出自己喜歡的顏色。將其噴在杏仁膏細工作品上，會產生光澤，呈現出如巧克力細工般的光亮感覺。事先將色素溶進可可脂裡的液體狀型式，柳師傅在本書中所使用的最主要的就是這種型式的色素，雖然價格比色粉高一點，但只要經過加溫就可以立刻使用，非常方便。

法國所生產的ＳＥＶＯＲＯＭＥ食用色素，備齊豐富的微妙色彩，因為發色效果佳，在甜點師傅中獲得很高的評價。油性色粉有紅、藍、綠、黃、白５色，同時擁有油性及水溶性的性質，可以兩用（進口‧販售／ＪＡＰＡＮ ＦＯＯＤ ＆ ＬＩＱＵＯＲ ＡＬＬＩＡＮＣＥ食品販售株式會社Ａｒｃａｎｅ事業本部）。

ＰＣＢ公司所生產的巧克力用色粉，溶進可可脂裡隔水加熱，或以電磁爐加溫至３０～３５度後，立刻以筆或毛刷刷在巧克力上描繪出圖案，由法國ＤＥＫＯ‧ＲＥＲＩＨＵ公司所生產，因色彩鮮豔而受到好評。

ＤＧＦ公司生產的含色素可可脂，可連同瓶子一起加溫。

ＤＧＦ公司所生產的含色素可可脂有白、黃、橙、藍５色。連同瓶子一起加溫至３０度即可溶化，充分搖晃後，可使用於巧克力或甜點著色。

法國ＤＥＫＯ‧ＲＥＲＩＨＵ公司所生產，色彩鮮豔為其特徵。

ＤＧＦ公司所生產的含色素可可脂有白、黃、橙、紅、藍５色。連同瓶子一起，以微波爐或隔水加熱，即可使用，若以微波爐加熱時，一定要記得將瓶蓋打開，３分鐘左右，５００Ｗ的電力約加熱３分鐘左右，使其完全溶化，充分搖晃瓶子後即可使用。

美國ＣＨＥＦ ＲＵＢＢＥＲ公司所產的彩色可可脂，加溫至３０度即可溶化，充分搖晃後，可使用於巧克力或甜點著色。除了基本的紅、黃、綠、藍、白色之外，還有如珍珠般光澤的珍珠金黃色和珍珠藍、白色等７種顏色（進口‧販售／日本Ｓｉｂｅｒｈｅｇｎｅｒ株式會社）。

如彩虹般閃閃發光的金、銀色可可脂。

PCB公司所生產的巧克力用色粉，溫熱後即可立刻使用。

可散發閃亮金屬顏色的 珍珠色粉

能夠散發出如珍珠一般獨特色粉的就是ＣＨＥＦ ＲＵＢＢＥＲ公司所生產的珍珠亮粉了，提案生產原是為了用於糖塑細工及巧克力細工裝飾。

用於糖塑細工時，先以酒精溶化後倒入糖漿中混合使用。用於巧克力細工時，溶於酒精加溫後的可可脂裡進行著色，也可以用筆或空氣刷描繪出圖案。

另外，將珍珠粉末以筆直接塗抹在溶化後的巧克力模型裡，再將溶化後的巧克力倒進模型裡，待其冷卻變硬後，巧克力表面就會散發出如珍珠般閃耀的獨特色彩及光輝，顏色有金、銀、紅、橙、綠、藍、紫色等７種顏色（進口‧販售／日本Ｓｉｂｅｒｈｅｇｎｅｒ株式會社）。

讓巧克力及糖塑作品散發獨特光澤及顏色的珍珠粉末。

輕鬆就能染出金、銀色的噴霧式 食用金粉

只要使用一點點就能散發出高貴及豪華感覺，呈現出金屬特有的顏色及光輝的金、銀、白金粉或金箔，可以隨意噴出想要描繪的圖案，可以隨意噴出想要描繪的金粉。ＴＳＵＫＩＯＫＡ（月岡）株式會社所生產的黃金流星粉，被譽為世界唯一黃金純度高達９９・９９％的產品。擁有噴刷時粉末不易向四周飛散以及噴刷後附著力強、不易脫落等特點，只要換上附屬細長噴嘴的噴霧按鈕，即使很細微的部分也可以輕鬆噴刷著色。雖然獨特的設計讓噴嘴不易阻塞，但連續噴出還是有可能導致金粉阻塞，所以請勿連續噴刷６秒鐘以上。使用前請充分搖晃，使用時噴向火焰，或於靠近火焰處使用，充滿火氣的室內也不可大量使用，避免陽光直射及高溫多濕，存放於常溫下即可。同一公司也生產銀純度高達９９・９９％的銀河亮粉，同時也製造金和銀混合的「宇宙亮粉」。另外也生產星形、心形、櫻花、聖誕等文字形金箔，以及直接以手撕下或像折紙一樣折下即可使用的金箔，

也接受個別創意的金箔設計及製作。

黃金流星粉被譽為世界唯一黃金純度高達99.99%的噴霧金粉。

塗裝用的噴霧器、噴霧罐等，下半部是罐子、上半部附有控制噴霧量的開關閥及噴嘴口。

將可可脂和鬆散的巧克力混合成細粉狀後，倒進罐子裡，噴在甜點的表面，看起來很快就會因為溼氣而失去最重要的光澤度，因此，糖塑細工必須在嚴格的環境下進行。

可以全面噴灑，也可以只噴灑一小部分，若將顏色重疊，能變換出各種不同的花樣。

但是，現在已經可以利用不易受潮的還原糖、海藻糖以及海樂糖等機能性糖類，使糖塑細工的種類多樣而豐富。

糖塑細工

35～40％。

避免麥芽糖結晶的 酒石酸鹽

在高溫多濕的氣候，糖塑裝飾不易保存，完成的作品很快就會因為溼氣而失去最重要的光澤度，因此，糖塑細工必須在嚴格的環境下進行。

釀酒時滯留在桶底的沉澱物（酒石）中提煉而成的酒石酸，將其精製後就是所謂的酒石酸鹽，分為酒石酸鈉和酒石酸鉀2種，不管哪一種都具有防止結晶的作用，若和剁碎的堅果、可可碎一起混合使用，更能表現出獨特的創意。

酒石酸鈉對於軟化麥芽糖的效果較高，酒石酸鉀也稱為塔塔粉或酒石英，攪打蛋白時，可幫助蛋白確實發泡並堅挺。

可做成純白麥芽糖的 海藻糖

可以做成極度透明的麥芽糖，形狀可隨意做成薄片狀及長條狀，可說是製造鑄糖最適合的糖類。

自然界有很多天然的動植物及微生物中含有很多天然糖分，因此日本岡山縣的林原集團研發出將馬鈴薯及玉米澱粉中的酵素加以分解及製造的技術，1995年開始以工業化大量生產高純度商品「TOREHA」，因此價格也非常大眾化。

雖然甜度和砂糖相同，但是舌頭上感覺的甜味比砂糖低45％。

將大小適度的TOREHA置於耐高溫烘焙底墊上，放進烤箱中以170度加熱約4分鐘，使其溶化冷卻變硬之後，即可形成如毛玻璃般的白色麥芽糖。

以TOREHA 8對水10的比例混合成糖漿後，將切成極薄的檸檬片或柳橙片浸漬其中30分鐘以上，再放進60～80度的烤箱中乾烤後，即可作出香酥脆的薄片，看起來像玻璃一樣透明度很高，且不易吸收溼氣，非常適合用於甜點裝飾。

可以隨機應用的 工作用材料

若想要製作出不同於以往的巧克力裝飾時，必須將使用材料的範圍擴展至製菓器具以外的道具，教學中心建議大家可以試著利用隨手可得的PC塑膠水管、雨簷筒、浪型板等做看看。

將薄薄地抹在底紙上的巧克力，連同底紙一起捲貼在PC塑膠水管上，或順著雨簷筒及浪形板的曲線擺放，變硬之後就可成為造型獨特、獨一無二的創意設計了。

若想在巧克力模型裡以食用色素描繪出圖案，或是完成後要妝點色彩時，可以利用彩妝用的筆或刷毛，雖然柔軟，質地卻很堅韌，即使是細微處也可以輕鬆塗抹出優美的顏色，非常便於使用。

砂糖中的佼佼者 …細砂糖

是指精緻度更高的砂糖，擁有不黏膩的爽口甜味，吸濕性低，非常適合糖塑細工以及食材風味微妙的甜點使用，結晶體比上白糖略大。

德國生產的巴糖醇，熱安定性高，在140度以下幾乎不會變色，即使是160度，和砂糖比起來，變色的情況也比較低，此外，不易形成結晶，所以不需添加水飴（進口・販售／三井製糖株式會社）。

延展容易、不易受潮、透明度高的還原巴糖醇（巴拉金糖）

微生物在砂糖裡產生作用，促使發酵後製造而成巴糖醇，在巴糖醇裡添加氫使其還原而成的糖，稱為還原巴糖醇，最早由德國研發。

異麥芽低聚醣加熱至190度仍不會產生焦糖狀，作業性佳（進口・販售／JAPAN FOOD & LIQUOR ALLIANCE食品販售株式會社Arcane事業本部）。

讓麥芽糖更為柔軟、更容易塑型的水飴糖漿

水飴是從糯米、玉米等穀類的澱粉中提煉而成的糖稀，具有黏性，保水性佳。

為了避免砂糖結晶化，還可以讓麥芽糖更柔軟滑順，熬煮麥芽糖時添加會更容易塑型，甜度約為一般砂糖的...

不易被人體消化吸收的糖，轉化成物，以及薯類的澱粉中提煉熱量約為砂糖的1/2，甜味約45～60%，為直徑2～3mm的白色顆粒狀，另外粉末狀的巴糖醇在口中不易引起酸性及齒垢作用，對預防齲齒，有很大的功效。

能使麥芽糖膨脹的海樂糖

由林原集團開發的無色透明水飴，是由原料中澱粉的酵素作用而製成。

熬煮麥芽糖時，甜度約為一般砂糖的...加熱後，延展性非常高，...

巴糖醇最具代表性的球形顆粒狀。

塗裝用、美術用的 噴霧器、空氣噴刷

原本屬於繪畫或噴漆道具的空氣噴刷，連接著空氣壓縮器，噴送壓縮的空氣，藉此可將繪畫的顏料或色素噴出，形成細細的霧狀。操作控制器（扳手）可調節色素的噴出口（噴嘴），因此一般以筆或刷毛無法呈現的纖細線條、朦朧霧狀以及多層次的感覺，都可以利用此表現出來，無論大面積或是極小的點，都可以完美噴刷，不殘留任何顆粒斑點。

刷可以噴出紋路更細緻、更均勻的食用色素。比起噴霧器，使用空氣噴刷可以描繪出各種不同的花樣。

因為噴嘴較細，容易造成色素阻塞，尤其是使用可可脂的油性色素一定要特別注意，使用後務必仔細清洗乾淨，慎重收納保管。

使用非製菓用的器具或零件時，要仔細確認器具的材質、性能、耐熱耐冷度、強度等，嚴守衛生標準來使用。

成品為細脆狀，熬煮後會釋放出很強的黏度，比起以往的水飴，吸濕性較低，即使對熱或酸產生反應也不易變色，乾燥速度快，甜度比砂糖約低30％，品質高的產品具有較優質的味道。

結構完整而堅實為其特徵。

顏色。

添加在乳加裡，可以加強乳化效果，完成後滑順而柔軟，也可以平順地薄抹在耐高溫烘焙底墊上。

因為具有抑制糖結晶成長的效用，可於熬煮麥芽糖時添加，或欲使容易結晶的海藻糖濃度更高時使用，也可以同時並用。

為了避免凝結成顆粒狀，必須和砂糖充分混合後，再添加其他材料。

麥芽糖是非常細的粉末狀，以及調整的效用，可於熬煮結晶的海藻糖濃度更高時使用，也可以同時並用。

將適量的海樂糖倒在耐高溫烘焙底墊上，放進170度的烤箱中烘烤約6分鐘，即會產生發泡膨脹的現象，完成後可呈現出精緻的立體感。

溶解於酒精或水中使用的水溶性色粉

SEBAROME公司也推出將色粉溶化在酒精液中的液體狀水性色粉，同樣為水溶性，且耐熱性佳，使用方法和色粉相同。顏色包括橄欖綠及珊瑚紅等10種色彩，沒有白、黑、金、銀色（進口・販售／AROMATEIKU株式會社）。

將色粉溶於洋酒中，增添香醇美味

雖然水溶性色粉可溶解於水中後使用，但如果將其溶解於無色透明的洋酒裡，更能添加甜點的香醇滋味。

若想將水溶性色粉溶解於巧克力或可可脂等油性原料以外的材料中，用途廣泛、耐熱性佳，非常適合用作於糖塑細工黏合的材料。

食用色素對於材料的總量來說，只能添加極少的分量，因此對整體的口感及香味並不具有影響力，但若是細心地將其溶解於風味獨特的洋酒中，或許可以將此獨特滋味反映在整個甜點上吧！

櫻桃剁碎，將果肉連同種籽一起發酵、蒸餾而成的櫻桃蒸餾酒，和水果、堅果、

麥芽糖編成籠筐狀的編織工作台

所謂的拉糖，是藉由將整塊的麥芽糖不斷地反覆進行拉開、重疊的作業，使麥芽糖飽含空氣的技法，當飽含空氣重疊而成的麥芽糖面對光線時，能夠反射出獨特的光澤感。

若想將麥芽糖拉成繩狀編成籠筐的樣子時，必須使用專業的工作台，MATFER公司所生產的專用工作台，是以木頭材質為底座，再以不鏽鋼棒針圍成圓形或心形圖案，只要順著不鏽鋼棒針將繩狀拉糖纏繞上去，就可以順利地編出想要的籠筐狀糖（進口・販售／MATFER・JAPAN株式會社）。

左邊是洋梨甜露酒，右邊是櫻桃蒸餾酒（進口・販售／DOVER洋酒貿易株式會社）。

將麥芽糖編成籠筐狀的編織工作台。

矽膠製葉片模型的耐熱性為其主要重點

以拉糖方式製作玫瑰等花瓣時，不需要使用模型，只要利用拉糖的技法就可以完成，但是花朵的葉片一般都需要使用模型，因此必須準備各種不同尺寸及形狀的葉片模型。

拉糖作業進行中麥芽糖的溫度高達90度，因此耐熱性佳、質地堅固、容易保存的矽膠材質最為適合。

將麥芽糖塊薄薄地拉出適當的量，放置在兩片為一組的其中一片葉片模型上，再從上面將另一片葉片模型蓋上，施力平均地往下壓後，取下模型即可。同樣的方法也可以運用於杏仁膏細工。

作業進行中的材料或是完成後的作品，都可以輕易脫模。DEMARLE公司所生產的底墊，以矽膠和玻璃纖維製成，屬於不需塗抹油也不易烤焦的烘焙底墊，耐熱溫度最高為250度，耐冷溫度為負40度，約可重複烘烤使用1000次以上，質地堅固，非常適合用於糖塑細工。使用後只要以清洗餐具的海綿洗淨即可，切勿使用粗糙砂劑或過硬的刷子，以免表面留下細細的擦痕（進口・販售／日法商事株式會社）。

巧克力等諸多材料的相容性很高，使用非常方便。也可以使用覆盆子莓或洋梨做成的白蘭地及柑香酒。

果膠讓果仁牛軋糖更滑順

存在於果實、蔬菜等植物中，屬於多醣類的一種，製品依化學構造不同而區分為HM和LM兩種，不管哪一種都可以當作凝膠化劑使用。

凝膠化的過程中需要大量的糖和強烈的酸，即使用於食品，也不易溶化的HM果膠，適合用作成果醬或水果軟糖。

利用鈣及鎂等礦物質凝膠化，加熱後即會溶解的LM果膠則較適合作為鏡面果膠使用。

目前一般所使用的LM果膠是愛國產業株式會社所生產的OG505S，光澤性佳、

果膠是非常細的粉末狀，且耐熱性佳，使用方法和色粉相同。顏色包括橄欖綠及珊瑚紅等10種色彩，沒有白、黑、金、銀色（進口・販售／AROMATEIKU株式會社）。

SEBAROME公司所生產的色粉，茶色系列有咖啡、巧克力、焦糖等些微不同的色調，還有開心果綠及靛藍色等法國製的微妙色調。另外包括珍貴的白、黑、金、銀色，總共11色，完全符合日本食品衛生標準，但是黑色被限定不可直接使用於食品，只能作為裝飾使用，金色和銀色雖然沒有限制不可使用於食品，但還是建議最好只用於裝飾用。

直接和材料混合容易產生顆粒狀，最好先溶解於水或酒精再進行混合，混合後的顏色可能比你所想像的更濃，所以最好視情況少量加入，慢慢調和出自己想要的顏色。

將麥芽糖維持在最佳溫度的保溫照燈

是指在糖塑作業進行中，為維持糖的熱度，使糖塑工作較為容易且確保作品穩固的工作照燈，當麥芽糖過硬不易拉開，或需要進行彎曲、扭轉等作業時使用，也可用於部分糖塑作品的保溫。雖然有單一只燈放置於台上的桌上型，或是燈部底座以螺絲固定在桌上的桌上型，但還是工作台和保溫照燈連在一起的一體化保溫照燈最為方便。

矽膠材質做成的底墊

夾住拉糖做出葉片形狀的矽膠模型。

優點是脫模性佳，無論是塑保溫台還是MATFER公司所生產的糖塑保溫台為符合法國的電

吉田菓子器具店所設計的保溫台可以將糖塑維持在最佳溫度。

力，都是200V的型式，所以國內使用時需要電壓轉換器，另一方面，日本總代理商MATFER・JAPAN獨創出符合日本電力的100V型式。

法國製的台面尺寸為400×350mm，以靈活的支軸連接工作台和主燈部素燈，因此可以輕鬆調整角度。燈的溫度可以從40度調整至115度，也有為了保溫而台面上附有電熱裝備的型式。

日本製的台面尺寸為405×300mm，燈的相對溫度從30度～110度，兩者的燈都是陶瓷電熱器，因此眼睛不易疲勞，附贈一片MATFER公司所生產的矽膠製底墊。

吉田菓子器具店所設計的糖塑保溫燈台，符合日本的家庭用電源，為100V的型式，台上配備的電熱度維持在60～70度，不必擔心糖塑鬆軟，而且所使用的是鹵素燈，不傷眼睛，連接台子的支軸為蛇腹式構造，可移動的範圍非常廣，同時附贈一片止滑底墊。

柳師傅試用過了各種手套之後，將家庭用手套的指尖部分強化而成適合糖塑細工的專用手套，手套整體說來是薄的，因此，只有指尖部分增加厚度，用起來也得心應手，擁有適度的耐久性，價格也平實，特別在此推薦。

保護手部避免燙傷的 橡膠手套

糖塑作業進行中，雙手必須連續觸碰達90度高溫的糖花，手指或手掌常因為燙傷空氣，而起水泡，而且，手上若因出汗而生出水分，糖塑工作會變得不易進行，因此，橡膠手套是糖塑工作中不可缺少的必需品。

市面上有販售所謂的「糖塑手套」，專為糖塑細工而設計，大小很貼合手部，因此很容易進行細部的作業，此厚手套雖然較不易傳熱，但卻不方便進行較纖細的作業，因此，最好視作業的內容及對糖塑細工的熱練度來選擇手套。

讓糖塑膨脹充滿立體感的 吹糖充氣幫浦

要將糖吹成像氣球一樣膨脹時，就必須使用專業的吹糖充氣幫浦。

MATFER公司所生產的吹糖充氣幫浦，分成只有一個的稱呼，以及像葫蘆一樣同時擁有大小兩個幫浦的兩種型式。大的幫浦輸入大量的空氣，小的幫浦輸入少量的空氣，藉此調節些微的膨脹，因此這個葫蘆型的吹糖充氣幫浦較為實用。

可以調節空氣量的葫蘆型吹糖充氣幫浦（上）較為實用。

杏仁膏細工

杏仁膏是以杏仁和砂糖混合而成，可以生吃，也可以做成麵糊或軟糖，在歐洲一定有專屬於杏仁膏的項目，可說是一門要確實學習的技術。

杏仁膏大致可區分為兩大類

杏仁膏（Marzipan）是從德文的Marrutsipan衍生而來的稱呼，法文稱為Pâte d'amande或稱為Marsupan。

因為比例和作法的不同，杏仁膏分為Marzipan和Romarzipan兩大類，可以均勻地溶入酒精裡使用（進口・販售／日法商事株式會社）。

在德國，基本上Marzipan裡砂糖和杏仁的比例為1比1，Rohmasse砂糖和杏仁的比例為1比2。

在法國Pâte d'amande和Pâte d'amande crue，砂糖和杏仁的比例都是1比1。

Pâte d'amande是將水煮過的杏仁剝皮後和熬煮至121度的糖漿混合後，讓糖分結晶，降溫後以滾棒壓成泥狀，用於細工或巧克力中間夾心使用時，砂糖多一點，作業起來會比較容易，因此，市售有細工專用杏仁1（進口・販售／前田商店株式會社）。

Pâte d'amande crue（Romarzipan）是將水煮過後去皮的杏仁和細砂糖混合，以滾筒棒輥壓成粉末

右邊是用於精緻細工的杏仁膏棒，上方是能印出簡單一致圖案的杏仁膏滾筒棒。

德國柏林的GEORG LEMKE公司是創立於1902年的堅果加工製品公司，Marzipan Rohmasse中35%是砂糖，65%是產於地中海、風味絕佳的杏仁，完成後香味濃厚、沉穩為其特徵（進口・販售／前田商店株式會社）。

適合細工用，香味豐富的「Pte d'amande 50%」。

法國MARGUERITE公司所生產的「Pâte d'amande 50%」都是由MOF（法國最優秀職人）共同協助開發而成，充滿豐富杏仁的香味，適用於杏仁膏細工、基礎蛋糕等，也可以充滿豐富杏仁香味的海綿蛋糕體或蛋糕麵糊混合使用。

杏仁膏細工的完成度，取決於作業的精巧度以及人物臉部、手足等表情是否靈活生動，對於需要切入的細緻線條及形狀，就必須靠杏仁膏細工的立體狀或刮板狀來發揮作用了。

可靈活運用於小細節的 杏仁膏滾筒棒・杏仁膏棒

杏仁膏滾筒棒上有格子狀的凹凸齒牙，平行地輥壓過杏仁膏表面，能印出如煉瓦一般的圖案。對準滾筒棒的長邊輥過，即能印出平行的線條，輕鬆而簡單，可以印出大範圍的直線條。

其實，真正杏仁膏細工用的器具並沒有這麼多，但是，糖塑細工專用的小道具，像棒子或切割模型等，形狀和尺寸的種類都非常多，也都可以活用在杏仁膏細工上。

頂級
蛋糕甜點裝飾
技法集

出版	瑞昇文化事業股份有限公司
作者	柳正司
譯者	蔣佳珈

總編輯	郭湘齡
責任編輯	闕韻哲
文字編輯	王瓊苹
美術編輯	朱哲宏
排版	二次方數位設計
製版	明宏彩色照相製版股份有限公司
印刷	皇甫彩藝印刷股份有限公司

戶名	瑞昇文化事業股份有限公司
劃撥帳號	19598343
地址	台北縣中和市景平路464巷2弄1-4號
電話	(02)2945-3191
傳真	(02)2945-3190
網址	www.rising-books.com.tw
Mail	resing@ms34.hinet.net

本版日期	2014年8月
定價	450元

●國家圖書館出版品預行編目資料

頂級蛋糕甜點裝飾技法集 ／
柳正司作；蔣佳珈譯.
-- 初版. -- 台北縣中和市：瑞昇文化，2009.09
104面；21×28公分

ISBN 978-957-526-884-8 (平裝)

1.點心食譜

427.16   98017031

DÉCOR GIHOU SHUU
© TADASHI YANAGI 2008
Originally published in Japan in 2008 by ASAHIYA SHUPPAN Co., Ltd..
Chinese translation rights arranged through DAIKOUSHA INC., KAWAGOE.